Análisis de Series Temporales: Prácticas de Modelización y Predicción

Juan Carlos García Díaz

Profesor Titular de Universidad
Departamento de Estadística e I.O. Aplicadas y Calidad
Escuela Técnica Superior de Ingenieros Industriales
Universitat Politècnica de València

Análisis de Series Temporales: Prácticas de Modelización y Predicción

Primera edición, 2015

Autor: Juan Carlos García Díaz

Edita: ADP Asociación para el desarrollo del profesorado

www.adp.com.es   www.librosfp.com

libros@adp.com.es

Todos los derechos reservados. Queda prohibida toda reproducción total o parcial de la obra por cualquier medio o procedimiento sin autorización previa. Contactar con el editor para solicitar dicha autorización.

Algunas de las imágenes que se incluyen en este libro son reproducciones que se han hecho acogiéndose al derecho de cita que aparece en el artículo 32 de la Ley 22/1987, de 11 de Noviembre, de la Propiedad intelectual. El autor y el editor, agradecen a todos los citados en estas páginas, su colaboración, y piden disculpas por la posible omisión involuntaria de alguna de ellas

ISBN 978-1-326-32235-9

ÍNDICE

PRÁCTICA 1:
Métodos de proyección de tendencias. Técnicas de Suavizado 5

PRÁCTICA 2
Análisis e identificación de Correlogramas: Procesos AR, MA, ARMA y ARIMA 29

PRÁCTICA 3
Modelización ARIMA(p,d,q). Metodología Box-Jenkins 47

PRÁCTICA 4
Modelización ARIMA(p,d,q)x(P,D,Q,)s. Metodología Box-Jenkins 67

PRÁCTICA 5
Análisis y Predicción del consumo horario de Energía 91

Eléctrica en España

Bibliografía 111

Anexo 113

PRÁCTICA 1
Métodos de proyección de tendencias. Técnicas de Suavizado

EJERCÍCIO 1

La serie **Sales** (Ventas) contenida en el fichero **EIPRAC1** corresponde a las ventas de un nuevo producto, observadas durante 24 meses consecutivos. Identificar la tendencia, mediante Regresión, para los 18 primeros meses y realizar las previsiones de los próximos 6 meses (contrastar los resultados obtenidos con los últimos 6 datos que nos proporciona la serie).

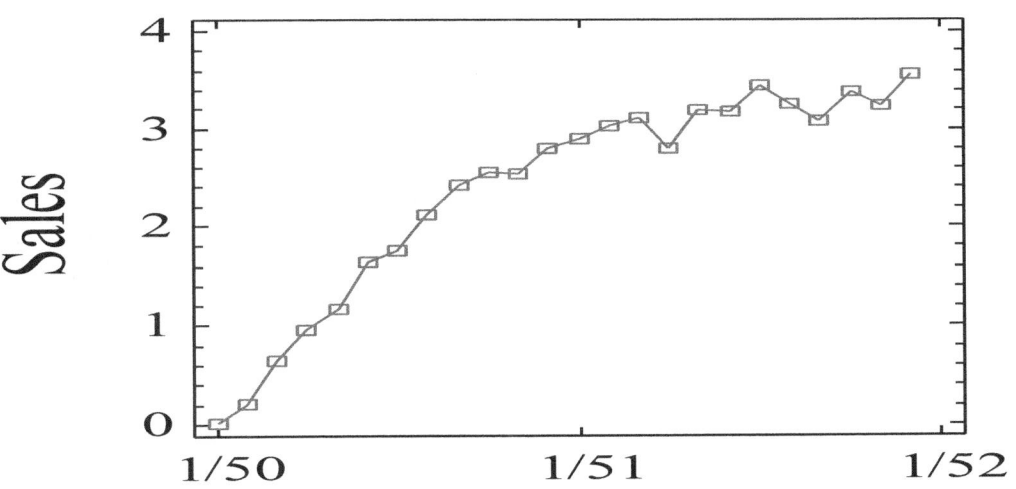

```
Model Comparison
----------------
Data variable: Sales
Number of observations = 18
Start index = 1,0
Sampling interval = 1,0

Models
------
(A) Linear trend = 0,266104 + 0,188298 t
(B) Quadratic trend = -0,507705 + 0,42044 t  + -0,012218 t^2
```

(C) Exponential trend = exp(-1,50421 + 0,191963 t)
(D) S-curve trend = exp(1,49915 + -6,07557 /t)
(E) Simple moving average of 3 terms

Estimation Period

Model	RMSE	MAE	MAPE	ME	MPE
(A)	0,328344	0,269397	255,17	1,23358E-16	-243,587
(B)	0,110152	0,0781679	63,1486	3,88578E-16	54,9018
(C)	1,44637	0,993027	180,935	-0,112563	-131,71
(D)	0,1132	0,0826897	4,59778	0,0101199	-0,161643
(E)	0,435683	0,390725	21,454	0,362726	20,4545

Forecast Table for Sales

Model: Quadratic trend = -0,507705 + 0,42044 t + -0,012218 t^2

Period	Data	Forecast	Residual
1,0	0,0105977	-0,0994826	0,11008
2,0	0,200216	0,284304	-0,0840878
3,0	0,648194	0,643654	0,00453999
4,0	0,95208	0,978568	-0,0264882
5,0	1,16649	1,28905	-0,122556
6,0	1,63418	1,57509	0,0590916
7,0	1,75269	1,83669	-0,0840045
8,0	2,10815	2,07386	0,0342856
9,0	2,42248	2,2866	0,135882
10,0	2,55753	2,4749	0,0826338
11,0	2,54278	2,63876	-0,095978
12,0	2,80572	2,77818	0,0275362
13,0	2,89481	2,89317	0,00163653
14,0	3,03247	2,98373	0,0487429
15,0	3,10607	3,04984	0,0562253
16,0	2,80113	3,09153	-0,290396
17,0	3,18246	3,10877	0,0736883
18,0	3,17075	3,10158	0,0691689

Period	Forecast	Lower 95,0% Limit	Upper 95,0% Limit
19,0	3,06995	2,77021	3,3697
20,0	3,01389	2,68562	3,34217
21,0	2,93339	2,56952	3,29727
22,0	2,82846	2,42205	3,23487
23,0	2,69909	2,24345	3,15472
24,0	2,54528	2,03405	3,05651

Cuestión 1: Compara los 5 modelos siguientes para captar la tendencia de la serie Sales y ordena por menor RMSE:

Tabla de comparación de los 5 modelos propuestos (con los primeros 18 valores):

Ecuación del MODELO	RMSE	ordenar
A: Tendencia lineal		
B: Tendencia cuadrática		
C: Tendencia exponencial		
D: Tendencia S-curve		
E: Medias móviles de orden 3		

Cuestión 2: Calcula las estimaciones de los dos mejores modelos (mejor = 1 y segundo mejor = 2):

Sales	MES						RMSE
	19	20	21	22	23	24	
REALES							
ESTIMADAS 1							
ESTIMADAS 2							

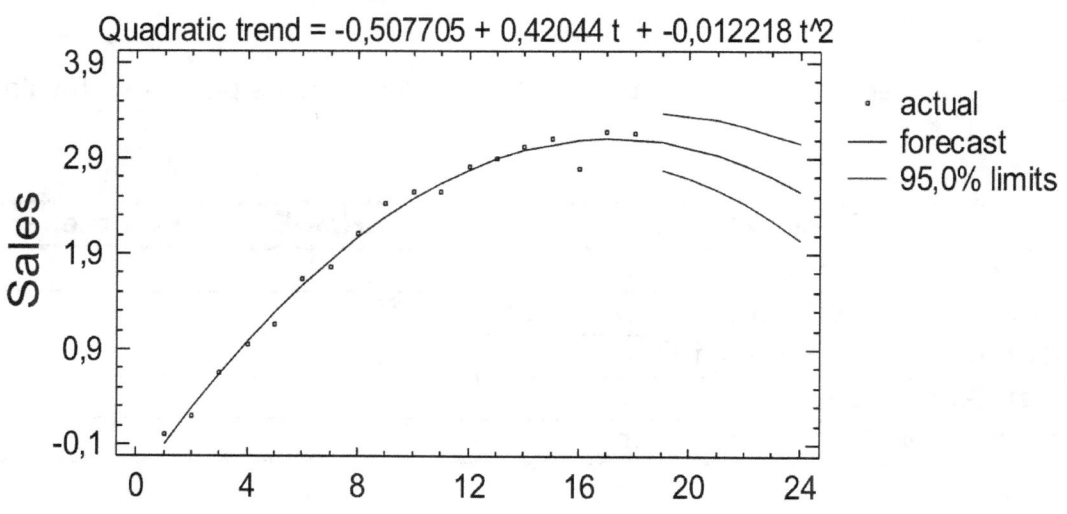

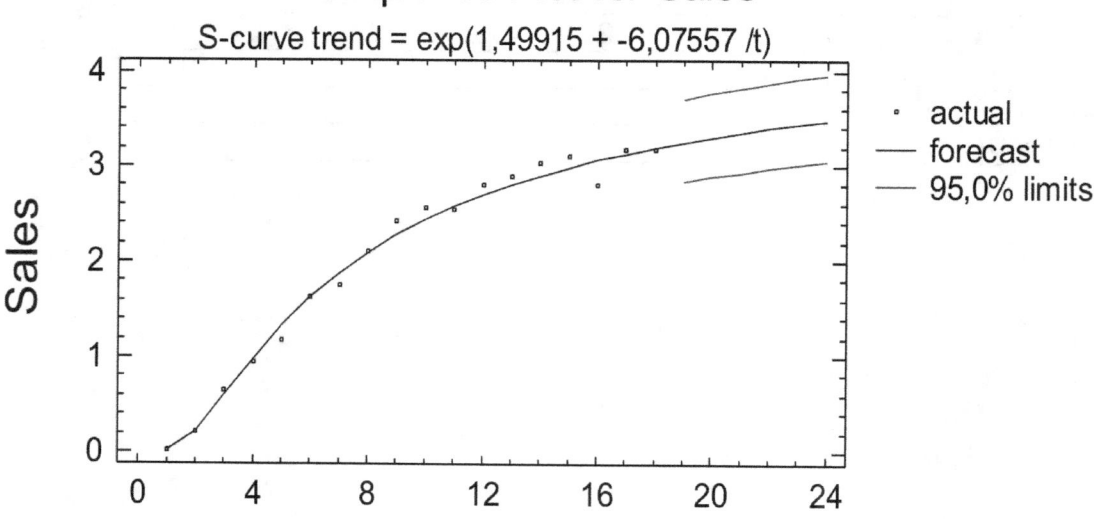

Cuestión 3

¿Existe mucha discrepancia entre las estimaciones y los valores reales? ¿Qué ocurre con el modelo elegido? ¿Y con los demás?

Cuestión 4.

Calcular manualmente el RMSE y seleccionar el mejor modelo de los dos candidatos. ¿Cuál es el mejor modelo de los dos disponibles?

Cuestión 5. ¿Qué interpretación económica puede darse a los mejores modelos?

Cuestión 6.

Si utilizásemos todos los valores (24 observaciones), ¿Cuál sería el mejor modelo?

EJERCÍCIO 2

El fichero **EIPRAC1** contiene los datos correspondientes al **PIB** (Producto Interior Bruto) medido a lo largo de 17 años consecutivos. Realizar el estudio de la tendencia, mediante suavizado por medias móviles y mediante suavizado exponencial, para los primeros 16 años, realizando la previsión del último. Comparar los resultados obtenidos con los que nos proporciona la serie.

```
Model Comparison
----------------
Data variable: PIB
Number of observations = 16
Start index = 1
Sampling interval = 1,0 year(s)

Models
------
(A) Simple moving average of 3 terms
(B) Simple moving average of 5 terms
(C) Simple exponential smoothing with alpha = 0,2
(D) Simple exponential smoothing with alpha = 0,9
(E) Simple exponential smoothing with alpha = 0,9999

Estimation Period
Model   RMSE        MAE         MAPE        ME          MPE
------------------------------------------------------------------
(A)     142,319     132,179     10,9009     132,179     10,9009
(B)     219,203     215,471     17,3009     215,471     17,3009
(C)     234,185     203,115     17,1466     153,242     10,3176
(D)     75,589      67,0961     5,86314     65,3173     5,6232
(E)     71,2274     61,3303     5,39506     59,5178     5,15445
```

```
Forecast Table for PIB

Model: Simple exponential smoothing with alpha = 0,9999
Period          Data            Forecast                Residual
-------------------------------------------------------------------
1               704,7           704,703                 -0,00301033
2               734,8           704,7                   30,1
3               767,8           734,797                 33,003
4               753,3           767,797                 -14,4967
5               770,6           753,301                 17,2986
6               862,0           770,598                 91,4017
7               942,4           861,991                 80,4091
8               1025,0          942,392                 82,608
9               1088,1          1024,99                 63,1083
10              1165,9          1088,09                 77,8063
11              1261,0          1165,89                 95,1078
12              1314,1          1260,99                 53,1095
13              1389,1          1314,09                 75,0053
14              1494,0          1389,09                 104,908
15              1584,0          1493,99                 90,0105
16              1656,9          1583,99                 72,909
-------------------------------------------------------------------

                                Lower 95,0%             Upper 95,0%
Period          Forecast        Limit                   Limit
-------------------------------------------------------------------
17              1656,89         1521,72                 1792,06
18              1656,89         1465,74                 1848,04
19              1656,89         1422,79                 1891,0
-------------------------------------------------------------------
```

NOTAS:

EJERCÍCIO 3

Las unidades vendidas de un producto, registradas a lo largo de 150 meses consecutivos, se encuentran en la variable **units** del fichero **EIPRAC2**. Obtener las previsiones para los últimos 6 meses, mediante el método de Holt, comparándolos con los valores reales de la serie.

		MESES					
		1	2	3	4	5	6
CONSUMO	REALES						
	ESTIMADAS						

NOTAS:

EJERCÍCIO 4

Las ventas de cava registradas a lo largo de 84 meses en el mercado de USA, se encuentran recogidas en la variable **bubbly** del fichero **EIPRAC2**. Obtener las previsiones a un año vista de las ventas, mediante el método de Holt-Winters, eligiendo unos parámetros del modelo que hagan lo mejor posible el ajuste. Dejar los valores del último año para contrastar los resultados.

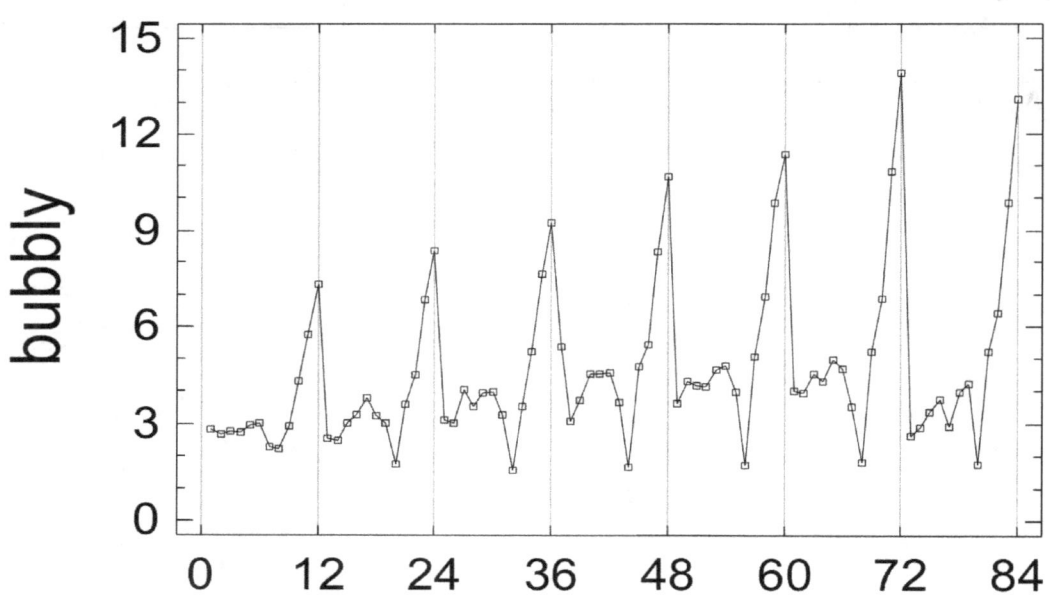

NOTAS:

```
Model Comparison
----------------
Data variable: bubbly
Number of observations = 72
Start index = 1,0
Sampling interval = 1,0
Length of seasonality = 12

Models
------
(A) Winter's exp. smoothing with alpha = 0,4, beta = 0,01, gamma = 0,8
(B) Winter's exp. smoothing with alpha = 0,5, beta = 0,1, gamma = 0,2
(C) Winter's exp. smoothing with alpha = 0,4, beta = 0,8, gamma = 0,6
(D) Winter's exp. smoothing with alpha = 0,7703, beta = 0,0001, gamma = 0,6417
(E) Winter's exp. smoothing with alpha = 0,3942, beta = 0,0212, gamma = 0,4394

Estimation Period
Model   RMSE       MAE        MAPE       ME           MPE
------------------------------------------------------------------
(A)     0,687395   0,534791   12,1981    -0,226332    -6,61051
(B)     1,51973    1,06072    21,482     0,320611     -4,8355
(C)     31,6092    13,9515    266,32     -11,1613     -210,231
(D)     1,14761    0,848948   18,55      -0,0015461   -8,52422
(E)     0,600111   0,438669   11,1427    -0,147262    -6,82384
```

		\multicolumn{6}{c}{MESES}

		MESES					
		73	74	75	76	77	78
VENTAS	REALES						
	ESTIMADAS						

		MESES					
		79	80	81	82	83	84
VENTAS	REALES						
	ESTIMADAS						

GUÍA PARA REALIZAR LOS EJERCICIOS

EJERCICIOS 1 y 2

Las series económicas suelen presentar una evolución regular, mostrando un crecimiento o decrecimiento a largo plazo. Esto es lo que se entiende por tendencia.

El ajuste a un modelo lineal por Regresión Simple, aplicado a las series temporales, permite la predicción de valores a corto plazo. Dicho modelo es del tipo $Z_t = \alpha + \beta \cdot t + \varepsilon_t$, donde se supone que ε_t cumple las hipótesis referidas a la perturbación en el modelo MCO (ruido blanco).

1. Primer paso: Análisis descriptivo de la serie temporal:

Para poder dirigir las herramientas más adecuadas con objeto de predecir la tendencia de la serie, se realiza un primer análisis descriptivo que pondrá de manifiesto que tipo de ajuste lineal simple es más adecuado.

Ruta: Special / Time-series analysis / Descriptive methods

En la Figura 1 se presenta la ruta de acceso al paquete de *Análisis de Series Temporales* y a cada uno de sus módulos de análisis

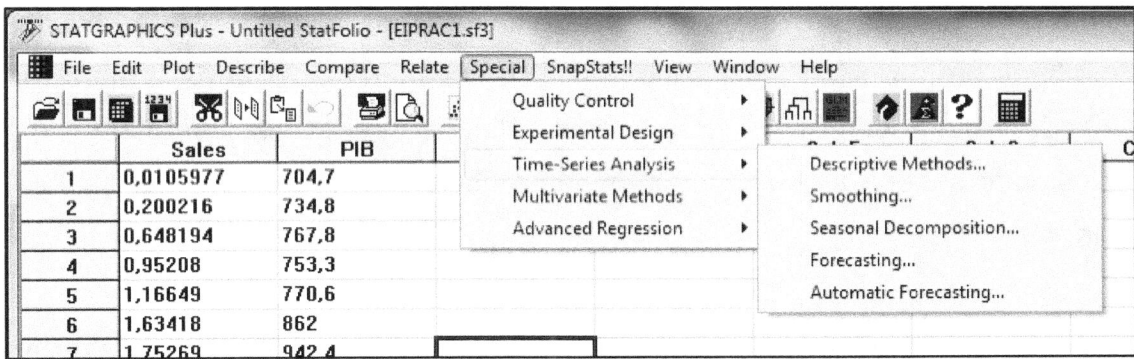

Figura 1. Barra de herramientas disponibles. Ruta de acceso al paquete de *Análisis de Series Temporales*

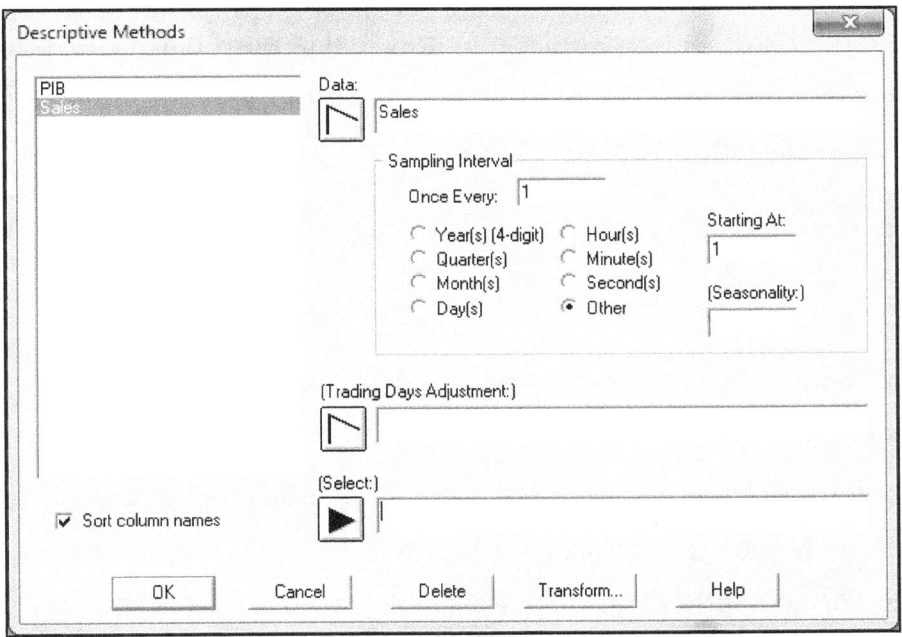

Figura 2. Entrada de datos para el análisis descriptivo de la serie temporal

Para la representación de las series seleccionaremos la subopción *Descriptive methods* de la opción *Time-series analysis* del menú *Special* de la barra de menús. Aquí podemos ver la serie original bién representada frente al tiempo y estudiar si tiene tendencia, componente estacional y componente aleatoria fuerte.

2. **Segundo paso: Modelización de la serie temporal (Predicción/Forecasting))**

    Ruta: Special / Time-series analysis / Forecasting.

Seleccionaremos de la barra del menú principal la opción *Special ... Time Series Analysis ... Forecasting*. El sistema muestra la ventana de diálogo de la Figura 3 la cual permite seleccionar los datos y parámetros adecuados para nuestro análisis.

Los campos a completar son:

- ***Data***: elegiremos de entre las diversas variables disponibles la que deseemos analizar.
- ***Sampling interval***: especificaremos las unidades de tiempo en las que se desea se realice el análisis, y la longitud de la estacionalidad. En el caso de no ser una serie estacional, como ocurre en las primeras series, se dejará en blanco este campo.
- ***Select***: se seleccionarán los datos que deseamos incluir en el análisis así, como en el primer caso únicamente deseamos los 18 primeros valores debemos introducir la orden ***FIRST(18***

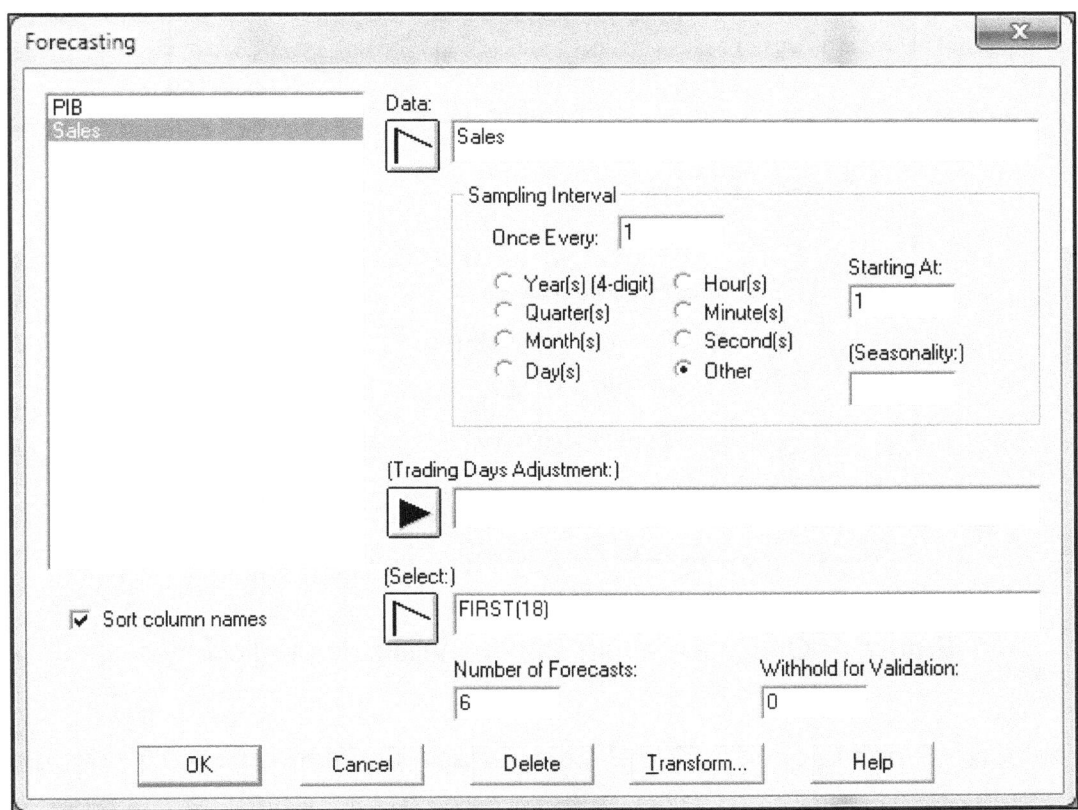

Figura 3: Entrada de datos para el análisis de predicción

Completando la caja de diálogo y pulsando OK el sistema muestra 2 tablas (*Analysis Summary y Model Comparison*) y 2 gráficos, por defecto.

Al seleccionar el botón **Tabular Options** (icono amarillo tabla) se muestra la caja de diálogo correspondiente al análisis de predicciones las opciones disponibles se muestran en la Figura 4.

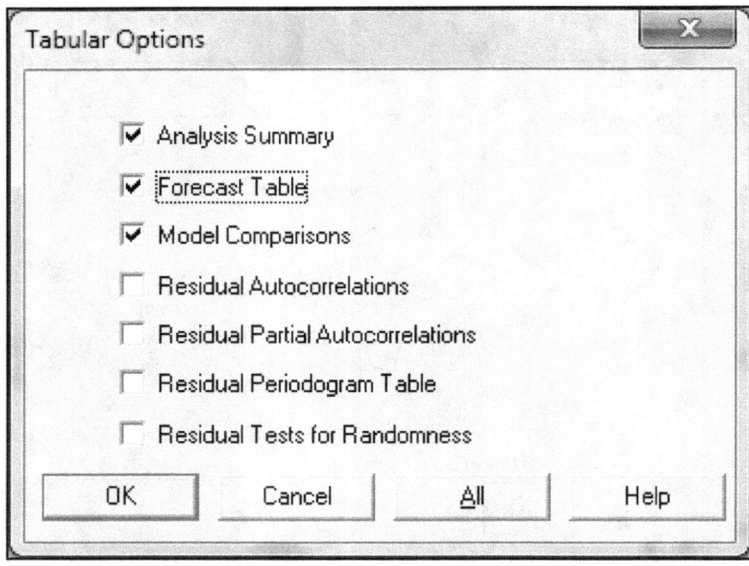

Figura 4: Opciones tabulares del análisis de predicciones

Si seleccionamos la opción **Model Comparisons** obtendremos una comparación entre los distintos modelos seleccionados donde podemos observar: los modelos seleccionados, el número de predicciones, y, entre otros, los siguientes estadísticos:

- ME: Media del error
- RMSE: Raíz del error cuadrático medio.
- MAE: Error absoluto medio
- MAPE: Media absoluta del porcentaje de error.
- MPE: Media del porcentaje de error.

Statgraphics selecciona por defecto una serie de modelos (Random Walk, Mean, ..), si se desean seleccionar otros distintos pulsaremos con el botón derecho del ratón sobre la ventana anterior y seleccionando **Analysis Options** el sistema muestra la caja de diálogo correspondiente a los distintos modelos que pueden ser seleccionados, tal como se muestra en la Figura 5.

De entre los distintos modelos disponibles seleccionaremos:

        Lineal $Z_t = a + b \cdot t$

        Cuadrático $Z_t = a + b \cdot t + c \cdot t^2$

        Exponencial $Z_t = \exp(a + b \cdot t)$

        S-Curve $Z_t = \exp(a + b/t)$

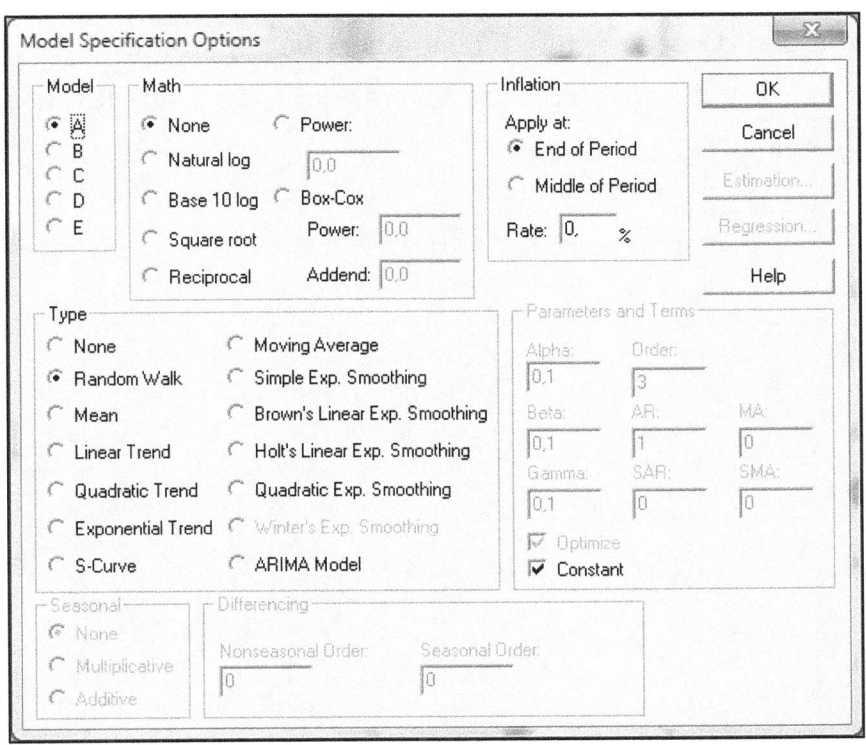

Figura 5: Opciones de especificación de modelos.

Si seleccionamos en la caja de diálogo de **Tabular Options** (Figura 4) la opción **Forecast Table** (Tabla de predicciones) el sistema evalúa y muestra los valores de la serie original y las predicciones tanto de forma puntual como por intervalos de confianza.

Podemos obtener la representación gráfica de los distintos análisis realizados seleccionando desde la caja de herramientas el botón de *Graphical Options* (icono azul gráficos).

Finalmente, indicar la posibilidad de salvar los resultados obtenidos. Pulsando el botón **Save Results** (icono disquete) de la caja de herramientas se despliega la caja de diálogo de la Figura 6 donde pueden ser seleccionados los datos a guardar: datos ajustados, predicciones, residuos, ... Estos resultados serán almacenados en el fichero de datos.

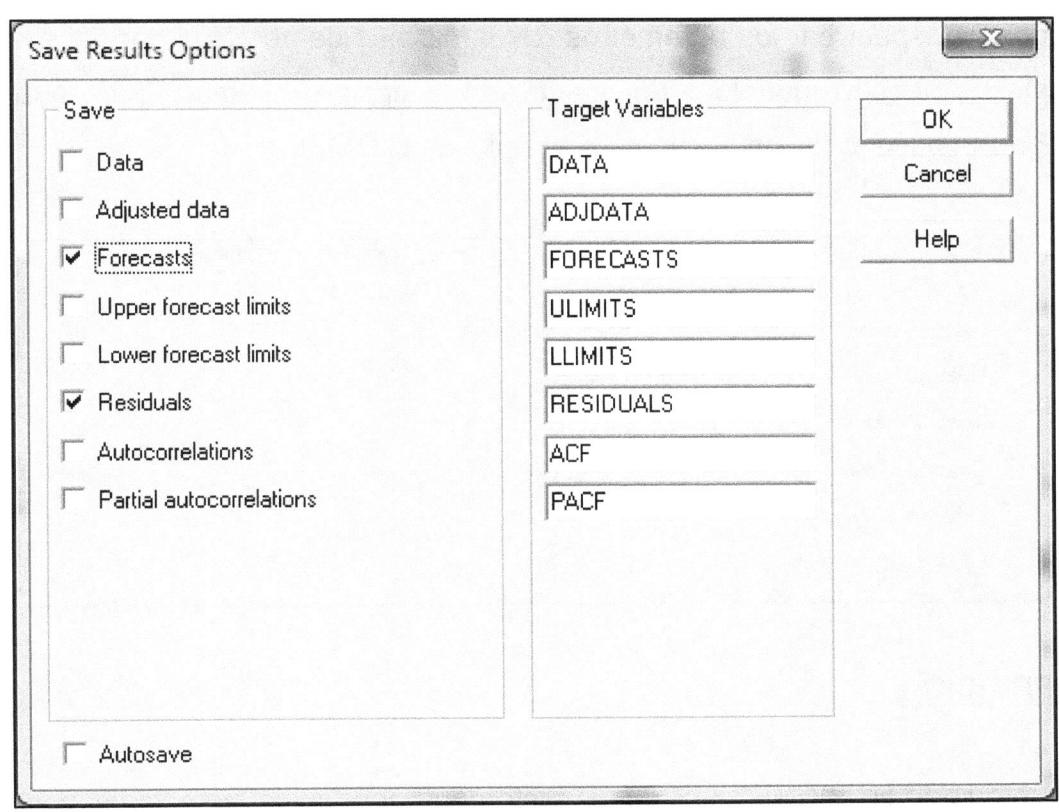

Figura 6: Caja de diálogo para salvar los resultados obtenidos.

EJERCICIO 3

El método de Holt incluye los factores de tendencia y aleatorio para realizar la predicción de los valores. El programa Statgraphics permite la predicción de los valores mediante el ajuste de Holt en la opción **Holt´s Linear Exp. Smoothing**, el cual puede ser seleccionado desde la caja de diálogo *Model Specification Options* como puede observarse en la Figura 5.

Debemos especificar los parámetros α y β iniciales de iteración para el mejor ajuste de nuestro modelo o dejar activada la opción "optimize" para que el programa busque la combinación que minimiza el RMSE.

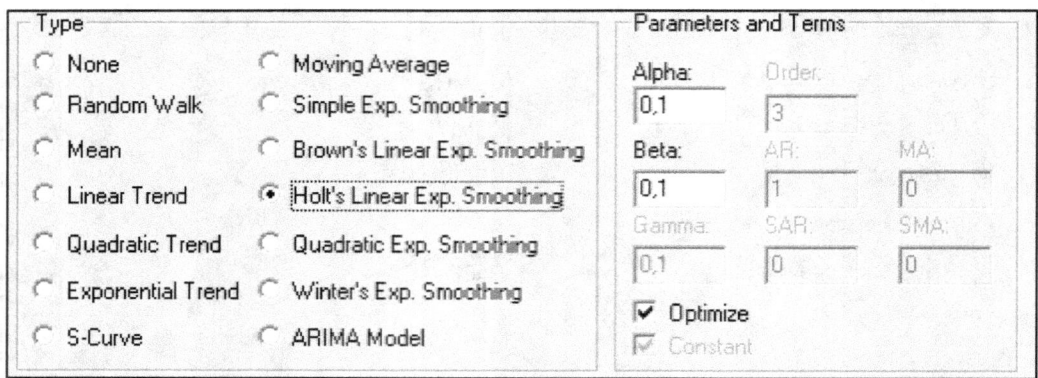

EJERCICIO 4

El método de Holt-Winter incluye los factores de tendencia, estacional, y aleatorio, lo que permite una mejor descripción de la serie y como consecuencia una mejor predicción de los valores. El programa Statgraphics permite la predicción de los valores mediante el ajuste de Holt-Winter en la opción **Winter´s Exp. Smoothing** el cual puede ser seleccionado desde la caja de diálogo *Model Specification Options* como puede observarse en la Figura 5. Para que se active está opción es necesario haber especificado previamente, en la ventana *Forecasting* de introducción de datos (Figura 3) la estacionalidad (Seasonality) de los datos.

Debemos especificar los parámetros α, β y γ iniciales de iteración para el mejor ajuste de nuestro modelo o dejar activada la opción "optimize" para que el programa busque la combinación que minimiza el RMSE.

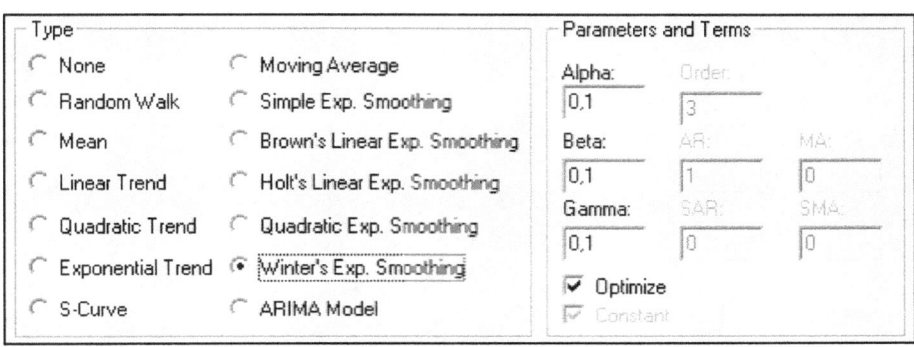

PRÁCTICA 2
Análisis e identificación de Correlogramas: Procesos AR, MA, ARMA y ARIMA

EJERCÍCIO 1

Aplicando la metodología Box-Jenkins vista en teoría, tratar de modelizar las series temporales del fichero **EIPRAC3** que han sido generadas mediante el ordenador y corresponden a modelos AR, MA y ARMA:

a) Se propondrán modelos en función de la información disponible por medio de las funciones de autocorrelación simple (FAS = ACF) y autocorrelación parcial (FAP = PACF) de las series comparándolas con los correlogramas teóricos. Estudiar qué parámetros estimados por el programa son significativos (*p-value* < 0.05) eliminándolos del modelo en el caso de no ser significativos.

SERIE "AR_1"

Parámetro	Estimación	Desv. Típica	Valor de t	*p-value*
	Des. Típica residual		Varianza residual	

SERIE "AR_2"

Parámetro	Estimación	Desv. Típica	Valor de t	p-value
	Des. Típica residual		Varianza residual	

SERIE "AR_3"

Parámetro	Estimación	Desv. Típica	Valor de t	p-value
	Des. Típica residual		Varianza residual	

SERIE "AR_4"

Parámetro	Estimación	Desv. Típica	Valor de t	*p-value*
	Des. Típica residual		Varianza residual	

SERIE "MA_1"

Parámetro	Estimación	Desv. Típica	Valor de t	*p-value*
	Des. Típica residual		Varianza residual	

SERIE "MA_2"

Parámetro	Estimación	Desv. Típica	Valor de t	*p-value*
	Des. Típica residual		Varianza residual	

SERIE "MA_3"

Parámetro	Estimación	Desv. Típica	Valor de t	*p-value*
	Des. Típica residual		Varianza residual	

SERIE "ARMA_1"

Parámetro	Estimación	Desv. Típica	Valor de t	*p-value*
	Des. Típica residual		Varianza residual	

SERIE "ARMA_2"

Parámetro	Estimación	Desv. Típica	Valor de t	*p-value*
	Des. Típica residual		Varianza residual	

b) Para el modelo ajustado a la serie AR_1, obtener la ecuación de predicción y realizar la predicción del siguiente periodo (t = 451) de forma manual y comprobarlo con la obtenida por el programa.

Ecuación de predicción del modelo obtenida manualmente:

Datos obtenidos de la tabla de predicciones realizadas por el programa:

Predicción manual para t= 451

Predicción manual para t= 452

Predicción manual para t= 453

EJERCÍCIO 2

Las unidades vendidas de un producto, medidas a lo largo de 150 meses consecutivos, se encuentran en la variable **units** (unidades vendidas de cierto producto) del fichero **EIPRAC2.**

En la serie temporal anterior:
   a) Representar gráficamente la serie frente al tiempo. ¿Se trata de un proceso estacionario? Justifica la respuesta

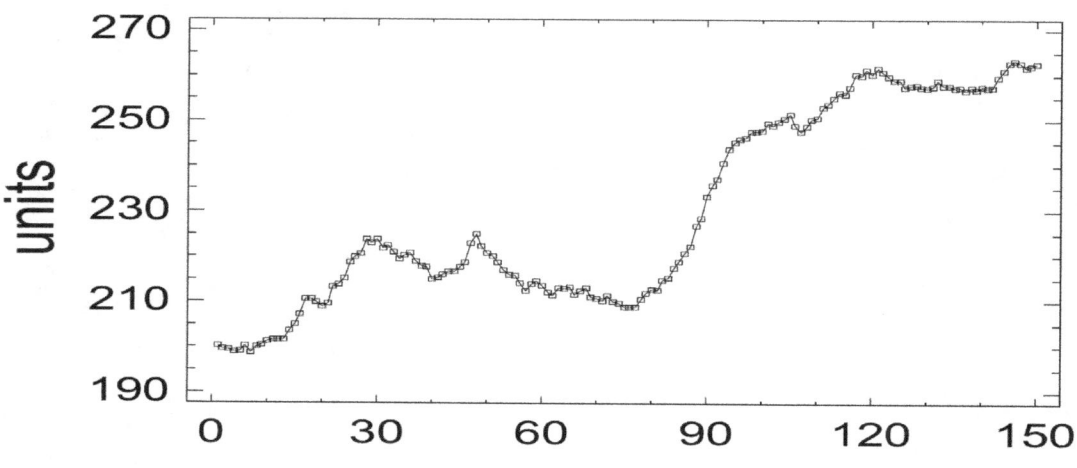

b) Obtener el correlograma simple o función de autocorrelación simple (f.a.s). ¿Qué podemos decir de la estructura de correlación que muestra dicho correlograma?

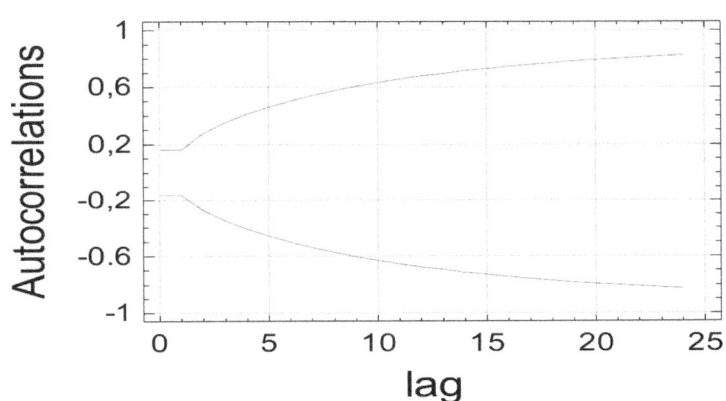

c) Representa la función de autocorrelación parcial (f.a.p). Si el proceso fuera estacionario la serie podría tener estructura de ¿AR o MA?.

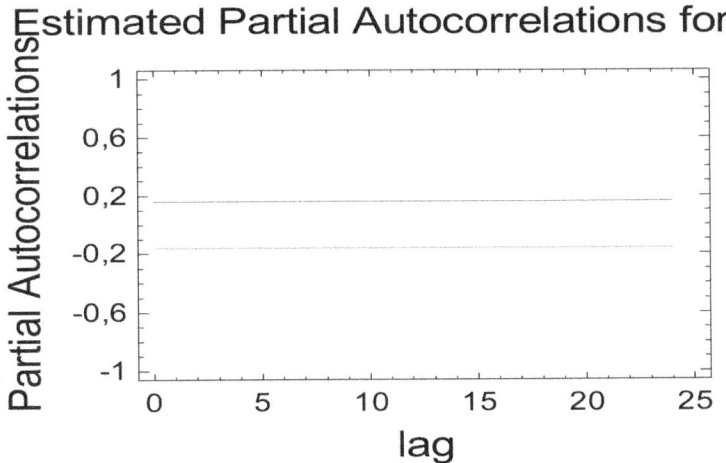

d) Ajustar el mejor modelo posible aplicando la metodología de los modelos ARIMA(p,d,q) + constante

Parámetro	Estimación	Desv. Típica	Valor de t	p-value
	Des. Típica residual		Varianza residual	

e) Escribir la ecuación de predicción del modelo ajustado

f) Calcular manualmente la predicción para los dos próximos periodos (t = 151, t=152) y comprobar con las obtenidas mediante el programa

Datos obtenidos de la tabla de predicciones realizadas por el programa:

Predicción manual para t= 151

Predicción manual para t= 152

GUÍA PARA REALIZAR LOS EJERCICIOS

1. **Primer paso: Análisis descriptivo de la serie temporal**

Como paso previo a la realización de los ejercicios anteriores representaremos gráficamente las series temporales y las funciones de correlación simple y parcial (ya que se trata de modelos estacionarios).

Para la representación de las series temporales y de sus funciones de autocorrelación seleccionaremos la subopción *Descriptive methods* de la opción *Time-series analysis* del menú *Special* de la barra de menús.

Una vez que hemos seleccionado la variable a analizar desplegaremos el menú de opciones gráficas (Figura 1) y seleccionaremos *Horizontal Time Sequence Plot, Residual Autocorrelation Function,* y *Residual Partial Autocorrelation Function* obteniendo tanto la representación gráfica de la serie como de los coeficientes de autocorrelación simple y parcial.

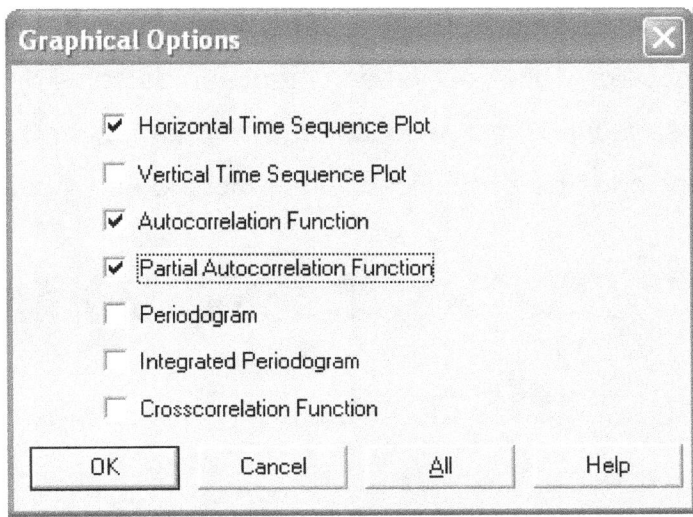

Figura 1: Opciones gráficas.

2. Segundo paso: Modelización de la serie temporal (Predicción)

Para estimar los modelos identificados en el paso anterior se debe seleccionar la opción Special... *Time Series Análisis .... Forecasting.* A partir de esta opción es posible obtener un modelo de una serie temporal como una función de términos autorregresivos, de medias móviles y una constante. Puede incluirse la opción de considerar factores estacionales y no estacionales en la estimación del modelo.

Si se selecciona la opción en el menú, el programa presenta la ventana de diálogo de la Figura 2 que permite especificar los datos a analizar.

Si pulsamos con el botón derecho del ratón sobre la ventana anterior el programa muestra la caja de diálogo correspondiente a laspecificación del modelo. Seleccionaremos el modelo ARIMA. En el análisis ARIMA se puede seleccionar parámetros estacionales (SAR o SMA) o no estacionales (AR o MA). Al seleccionar el modelo ARIMA se deben completar las cajas de texto *AR*, *MA*, *SAR*, *SMA*, *Nonseasonal Order* y *Seasonal Order*. La Figura 3 muestra la caja de diálogo de opciones de especificación del modelo una vez seleccionado el Modelo ARIMA.

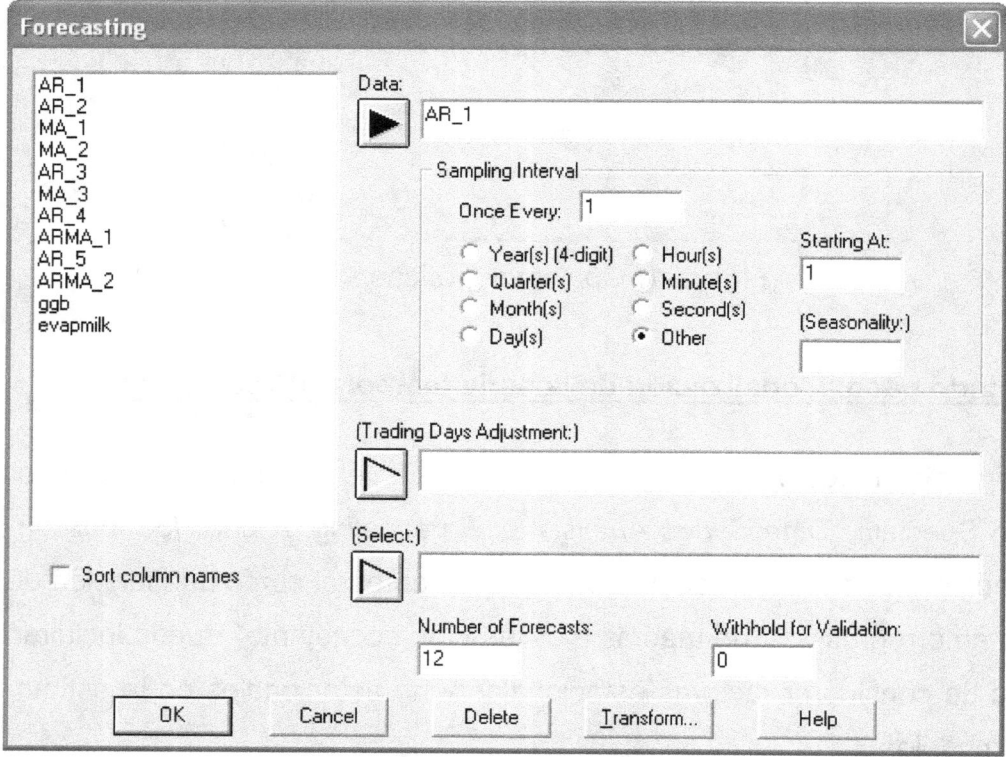

Figura 2: Introducción de datos

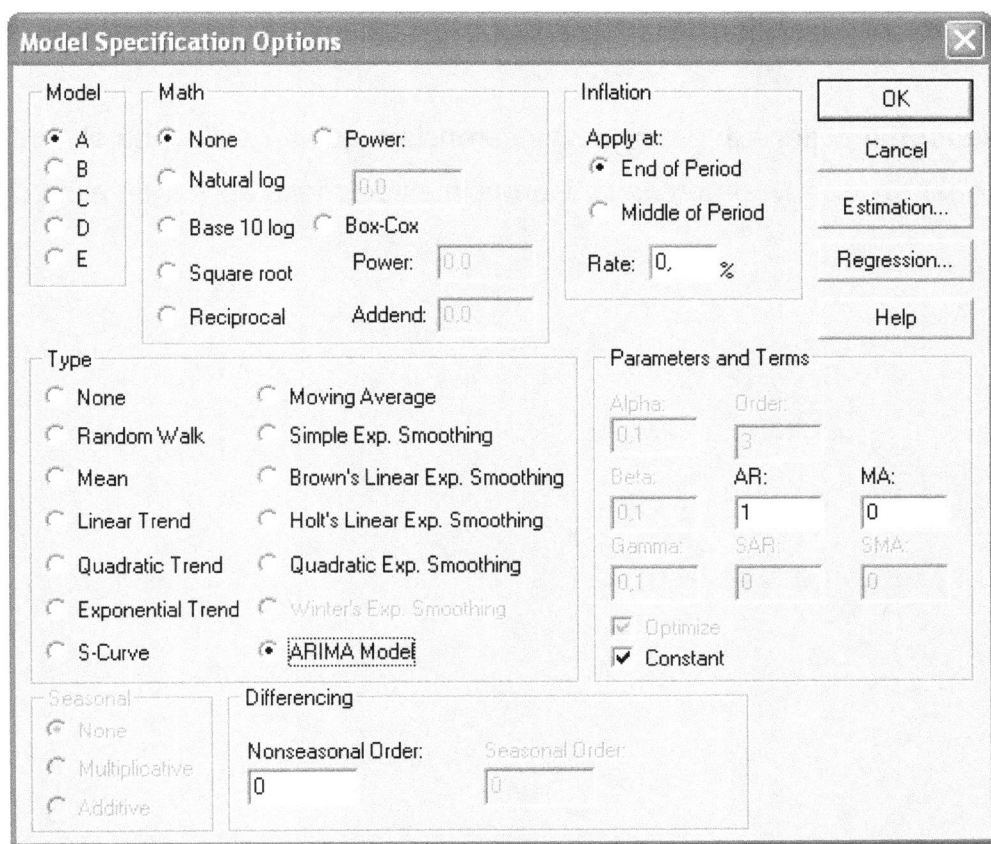

Figura 3: Especificación del modelo

Para introducir el modelo ARIMA que se va a utilizar, indicaremos los siguientes parámetros:

AR = p: orden de la parte AR regular (entre 0 y 6).

MA = q: orden de las medias móviles que no es estacional (entre 0 y 6).

SAR= P: orden de la parte autorregresiva estacional (entre 0 y 6)..

SMA = Q: orden de la parte de medias móviles que es estacional (entre 0 y 6).

Constant: se seleccionará si deseamos incluir un término constante en el modelo.

Nonseasonal order =d: orden de la diferencia regular a aplicar en el modelo.

Seasonal order = D: orden de la diferencia estacional a aplicar en el modelo.

PRÁCTICA 3
Modelización ARIMA(p,d,q)
Metodología Box-Jenkins

EJERCÍCIO 1

Las unidades vendidas de un producto, medidas a lo largo de 150 meses consecutivos, se encuentran en la variable **units** del fichero **EIPRAC2**. En la serie temporal anterior:

a) Representar gráficamente la serie frente al tiempo. ¿Se trata de un proceso estacionario? Justifica la respuesta

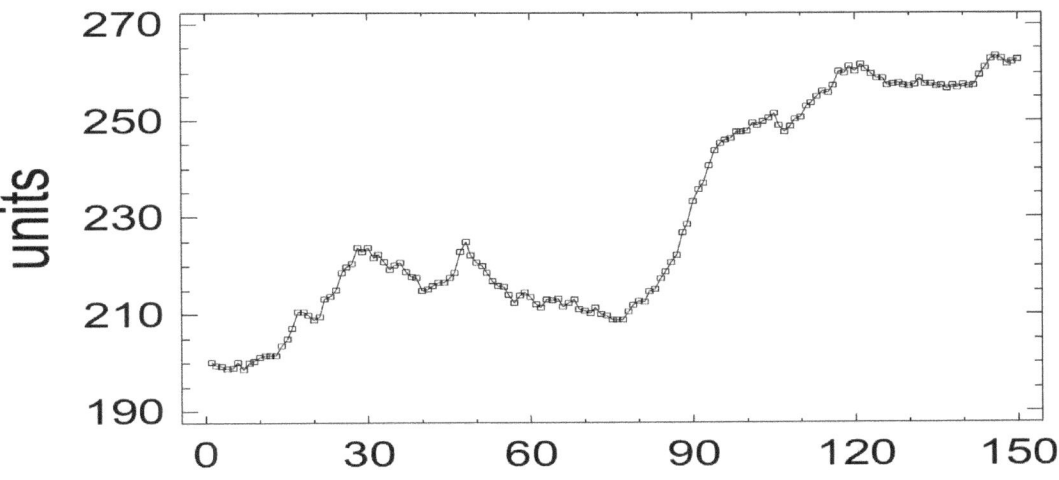

b) Obtener el correlograma simple o función de autocorrelación simple (f.a.s). ¿Qué podemos decir de la estructura de correlación que muestra dicho correlograma?.

c) Obtener una serie estacionaria y ajustar un modelo ARIMA(p,d,q) a la serie original. Estimar el modelo.

MODELO ARIMA(, ,)x(, ,)$_s$ + constante

Parámetro	Estimación	Desv. Típica	Valor de t	p-value
	Varianza residual			

d) Validar el modelo: coeficientes y residuos del modelo

Distribución normal de los residuos	

Papel probabilístico Normal

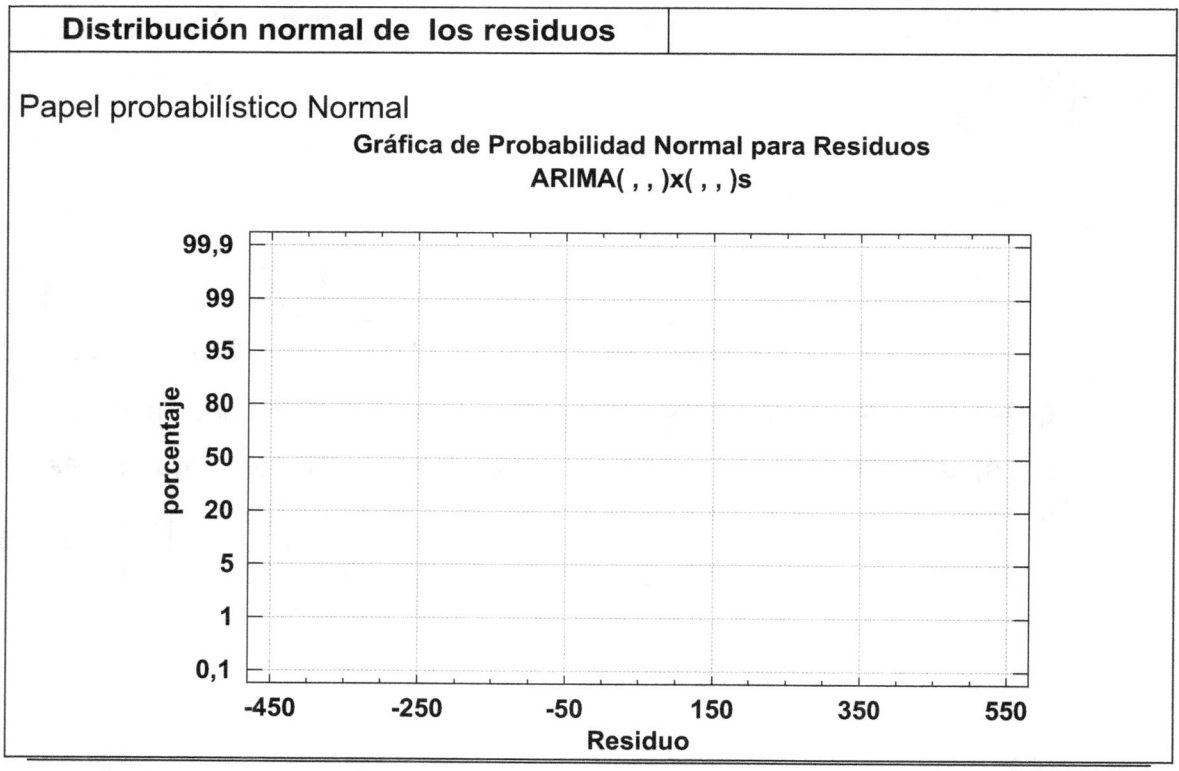

Residuos incorrelacionados. Test de Box-Pierce		
Valor y Nº retardos	p-value	Conclusión

Aleatoriedad de los Residuos		
Test de Rachas	p-value	Conclusión
mediana		
arriba y abajo		

Conclusiones:

e) Desarrollar la ecuación de predicción manualmente y obtener la predicción puntual para el siguiente periodo. Comprobar con la dada por el programa.

f) Realizar la predicción para los 6 próximos meses tanto puntual como por intervalos de confianza al 95 %.

EJERCÍCIO 2

La variable **precios** del fichero **EIPRAC3** contiene el precio de una determinada materia prima durante 28 meses. Buscar cuál es el modelo que mejor se ajusta a esta serie, utilizando la metodología Box-Jenkins:

- Se propondrán modelos en función de la información disponible por medio de las funciones de autocorrelación simple (FAS = ACF) y autocorrelación parcial (FAP = PACF) de las series comparándolas con los correlogramas teóricos vistos en clase (ver anexo).
- Se estimarán dichos modelos y se comprobará cual es el mejor.
- Con el modelo seleccionado se realizarán estimaciones, tanto puntuales como por intervalos de confianza, y se contrastarán con los valores reales.

MODELO 1º ARIMA(, ,)x(, ,)$_s$

Parámetro	Estimación	Desv. Típica	Valor de t	p-value
	Varianza residual			

Distribución normal de los residuos	
Papel probabilístico Normal 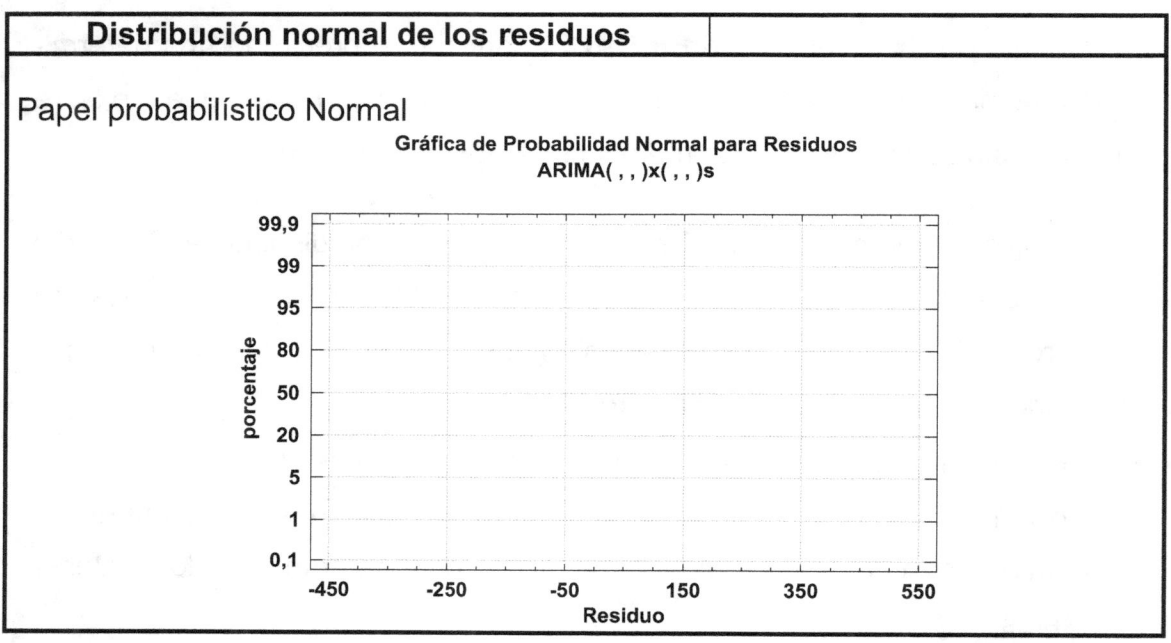	

Residuos incorrelacionados. Test de Box-Pierce			
Estadístico	Nº retardos	p-value	Conclusión

Aleatoriedad de los Residuos		
Test de Rachas	p-value	Conclusión
mediana		
arriba y abajo		

MODELO 2º ARIMA(, ,)x(, ,)s

Parámetro	Estimación	Desv. Típica	Valor de t	p-value
	Varianza residual			

Distribución normal de los residuos

Papel probabilístico Normal

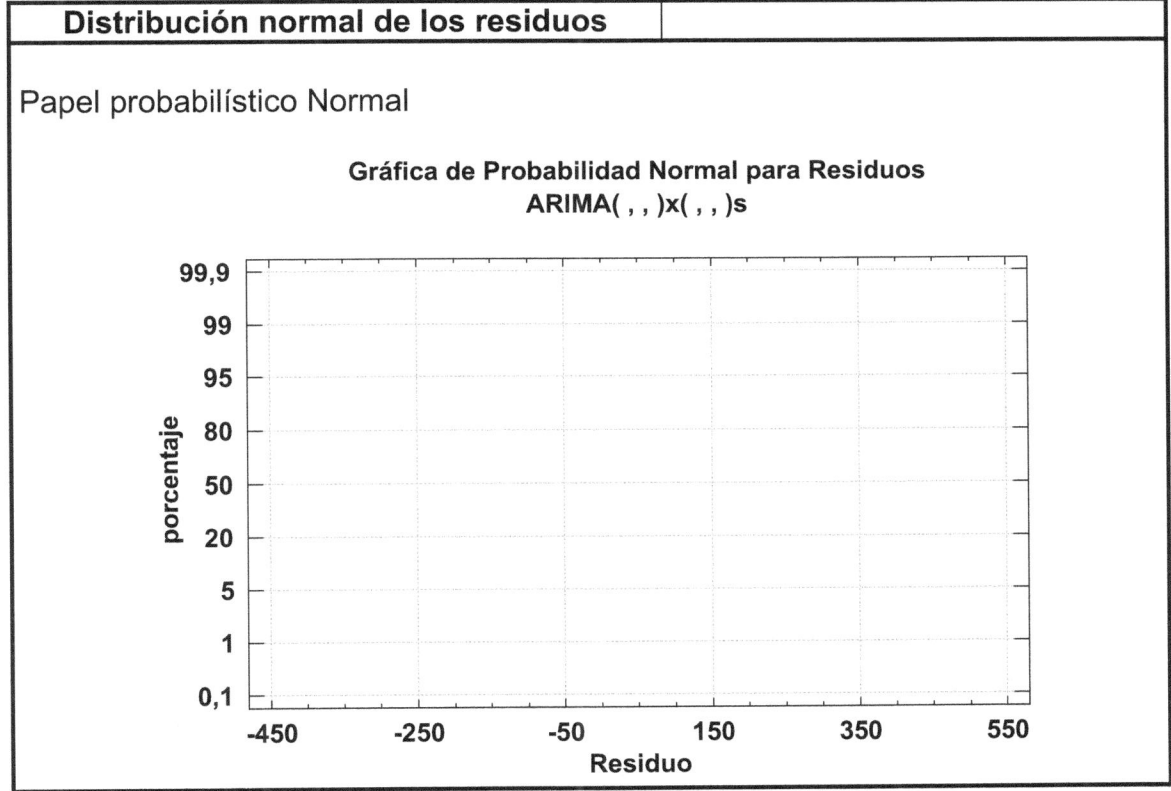

Residuos incorrelacionados. Test de Box-Pierce			
Estadístico	Nº retardos	*p-value*	Conclusión

Aleatoriedad de los Residuos		
Test de Rachas	*p-value*	Conclusión
mediana		
arriba y abajo		

Comparación de modelos.

GUÍA PARA REALIZAR LOS EJERCICIOS

1. Metodología Box-Jenkins

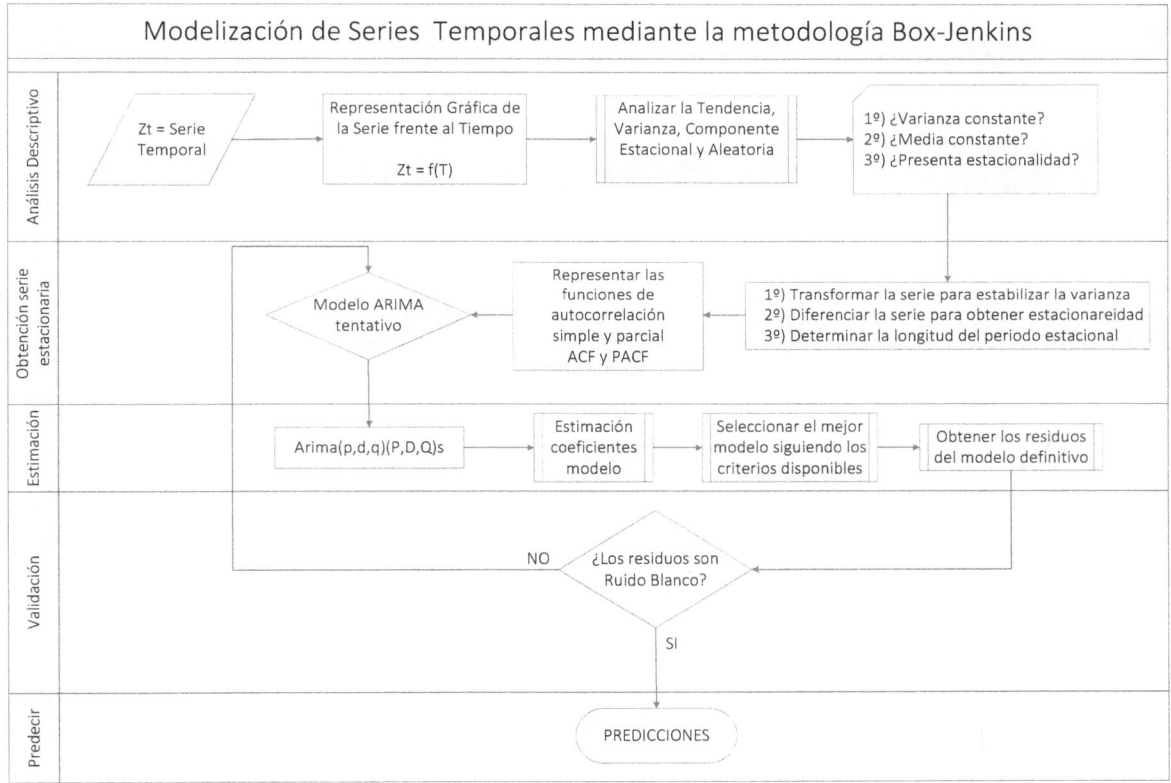

2. Métodos Descriptivos

Como paso previo a la realización de los ejercicios anteriores representaremos gráficamente las series temporales y las funciones de correlación simple y parcial.

Para la representación de las series temporales y de sus funciones de autocorrelación seleccionaremos la subopción *Descriptive methods* de la opción *Time-series analysis* del menú *Special* de la barra de menús.

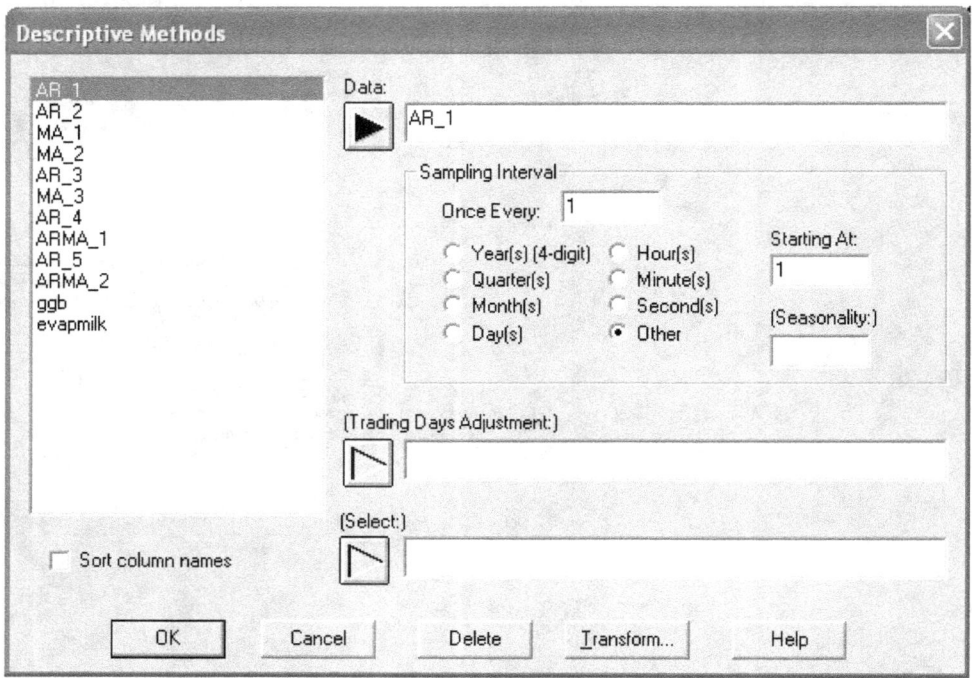

Una vez que hemos seleccionado la variable a analizar desplegaremos el menú de opciones gráficas (Figura 1) y seleccionaremos *Horizontal Time Sequence Plot, Residual Autocorrelation Function,* y *Residual Partial Autocorrelation Function* obteniendo tanto la representación gráfica de la serie como de los coeficientes de autocorrelación simple y parcial.

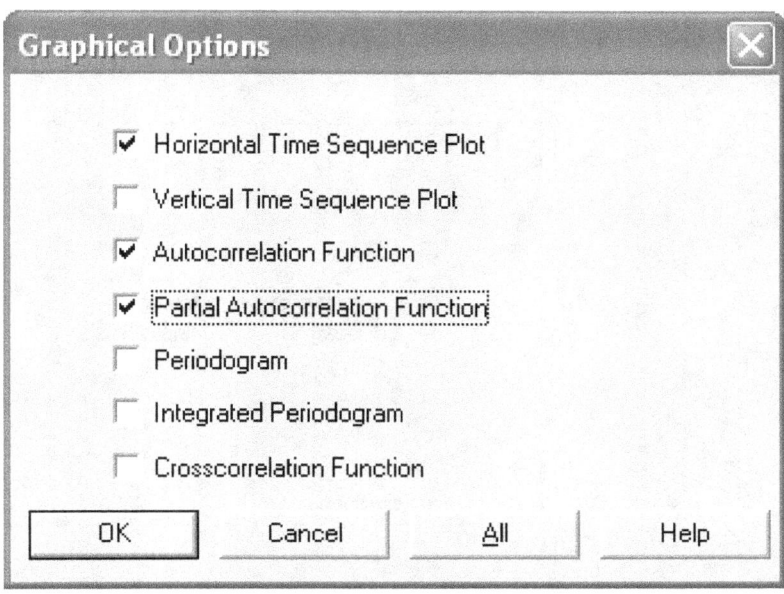

Figura 1: Opciones gráficas.

3. **Modelización: Forecasting (Predicción)**

Para estimar los modelos identificados en el paso anterior se debe seleccionar la opción Special... *Time Series Análisis* .... *Forecasting*. A partir de esta opción es posible obtener un modelo de una serie temporal como una función de términos autorregresivos, de medias móviles y una constante. Puede incluirse la opción de considerar factores estacionales y no estacionales en la estimación del modelo.

Si se selecciona la opción en el menú, el programa presenta la ventana de diálogo de la Figura 2 que permite especificar los datos a analizar.

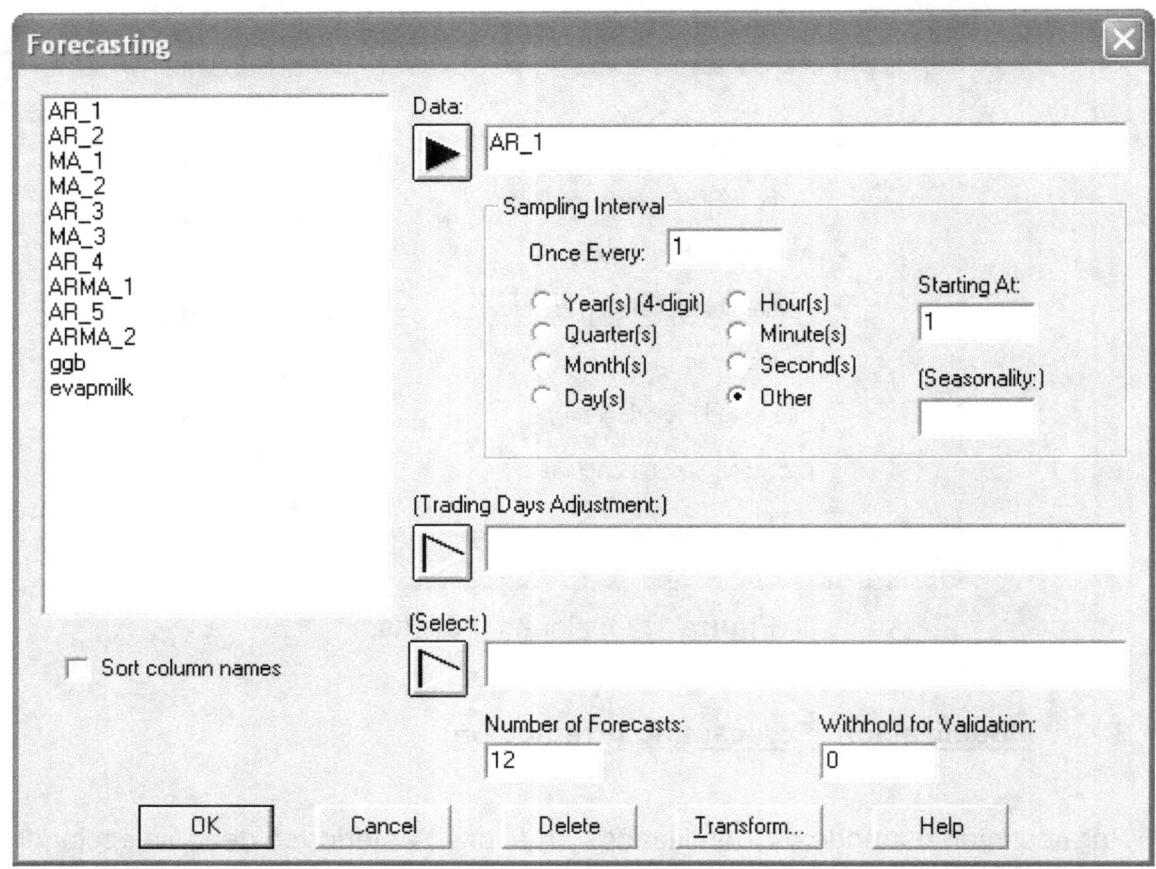

Figura 2: Introducción de datos

Si pulsamos con el botón derecho del ratón sobre la ventana anterior el programa muestra la caja de diálogo correspondiente a la especificación del modelo. Seleccionaremos el modelo ARIMA. En el análisis ARIMA se puede seleccionar parámetros estacionales (SAR o SMA) o no estacionales (AR o MA). Al seleccionar el modelo ARIMA se deben completar las cajas de texto *AR*, *MA*, *SAR*, *SMA*, *Nonseasonal Order* y *Seasonal Order*. La Figura 3 muestra la caja de diálogo de opciones de especificación del modelo una vez seleccionado el Modelo ARIMA.

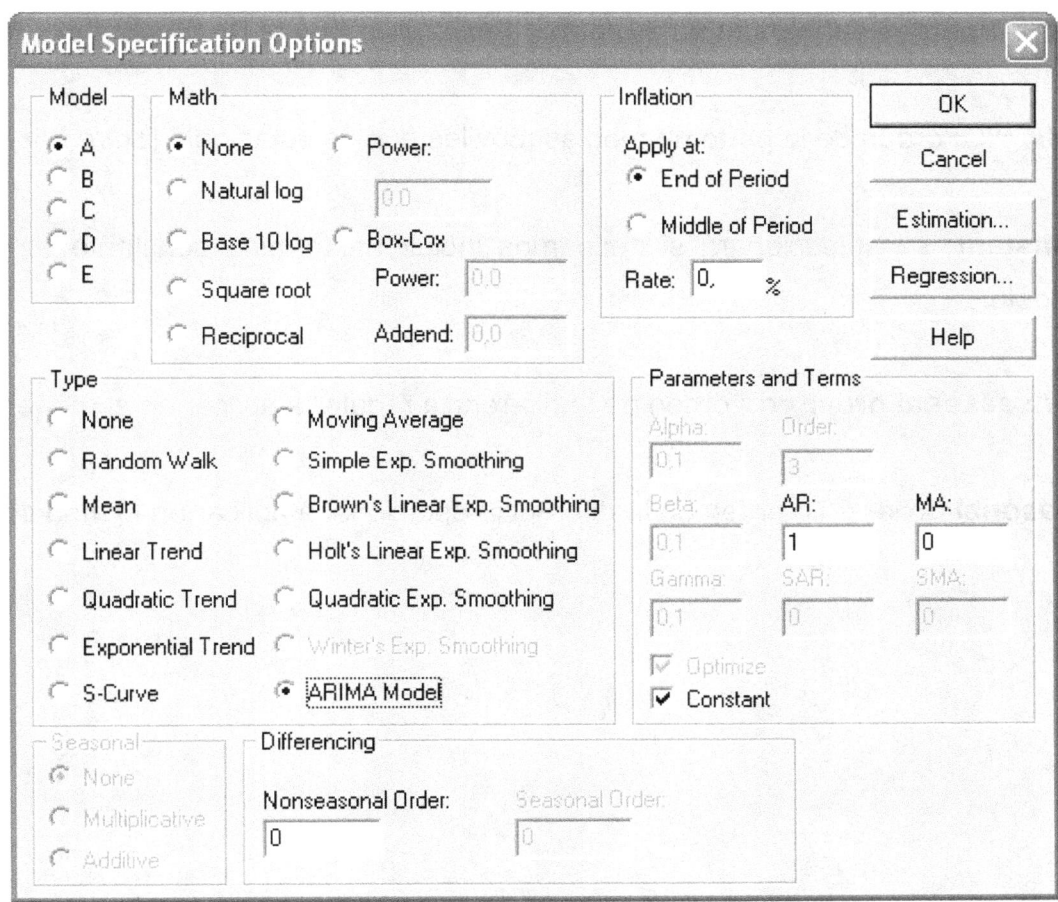

Figura 3: Especificación del modelo

Para introducir el modelo ARIMA que se va a utilizar, indicaremos los siguientes parámetros:

AR = p: orden de la parte de la parte AR regular (entre 0 y 6).

MA = q: orden de las medias móviles que no es estacional (entre 0 y 6).

SAR= P: orden de la parte autorregresiva estacional (entre 0 y 6).

SMA = Q: orden de la parte de medias móviles que es estacional (entre 0 y 6).

Constant: se seleccionará si deseamos incluir un término constante en el modelo.

Nonseasonal order =d:: orden de la diferencia regular a aplicar en el modelo.

Seasonal order = D: orden de la diferencia estacional a aplicar en el modelo.

Anexo 1: Tests sobre los residuos en statgraphics

RUNS: Test para excesivas rachas arriba y abajo

La hipótesis de independencia de los datos muestrales tenderá a rechazarse si el número de rachas ascendentes y descendentes es muy grande o muy pequeño.

H_0: excesivas rachas arriba y abajo (dependencia de residuos)

H_1: independencia de residuos

Si el *p-value* > 0.05, entonces no podemos aceptar H_0, y por tanto concluimos que existe independencia en los residuos.

RUNM: Test para excesivas rachas a un lado y otro de la mediana

Las hipótesis serían las siguientes:

H_0: excesivas rachas (dependencia de residuos)

H_1: independencia de residuos.

Si el *p-value* > 0.05, entonces no podemos aceptar H_0, y por tanto concluimos que existe independencia en los residuos.

AUTO: Test de Box-Pierce para excesiva autocorrelación

H_0: excesivas autocorrelación, datos correlacionados

H_1: independencia de datos

Si el *p-value* > 0.05, entonces no podemos aceptar H_0, y por tanto concluimos que existe independencia en los datos

MEAN: Test de diferencia de medias entre la primera y la segunda pate de la serie de residuos

Si *p-value* > 0.05 la media de las dos partes se considera igual, por lo tanto es constante en media.

VAR: Test de diferencia de varianzas entre la primera y la segunda parte de la serie de residuos

Si *p-value* > 0.05 la varianza de las dos partes se considera igual, por lo tanto es constante en varianza.

Ejemplo: A continuación se comprueba que los residuos son una serie de ruido blanco. Para ello se comprueba que se trata de una serie aleatoria de datos incorrelacionados mediante los siguientes tests en los que se ha de cumplir que el *p-value* > 0.05,

```
Tests for Randomness of residuals

Data variable: Fabric Elem Metáli Const
Model: ARIMA(0,1,2)x(0,1,2)12
       Math adjustment: Natural log

Runs above and below median
---------------------------
     Median = 0.00416306
     Number of runs above and below median = 54
     Expected number of runs = 60.0
     Large sample test statistic z = -1.01699
     P-value = 0.309158

Runs up and down
----------------
     Number of runs up and down = 76
     Expected number of runs = 78.3333
     Large sample test statistic z = -0.403388
     P-value = 0.686659

Box-Pierce Test
---------------
     Test based on first 24 autocorrelations
     Large sample test statistic = 19.788
     P-value = 0.471259
```

En este caso los tres tests presentan un *p-value* > 0.05 y por tanto podemos decir que no podemos rechazar la hipótesis de que los residuos son aleatorios y por tanto pueden seguir un proceso de ruido blanco.

Anexo 2: Peridiograma integrado o acumulado estandarizado de los residuos

El peridiograma integrado de los residuos es una herramienta gráfica muy interesante para detectar comportamientos no aleatorios asociados a componentes estacionales. El peridiograma integrado de los residuos muestra la suma acumulada de las ordenadas del peridiograma, dividida por la suma de las ordenadas sobre todas las frecuencias de Fourier. El gráfico muestra una línea diagonal principal de coordenadas (0,0) y (0.5,1). Además muestra dos parejas de bandas paralelas a la diagonal principal que representan los intervalos de confianza del test de Kolmogorov-Smirnov al 95% y al 99 % de nivel de confianza. Una secuencia de valores que siguen un proceso de Ruido Blanco presentaría un el peridiograma acumulado normalizado fluctuando muy próximo a la diagonal principal sin atravesar las bandas de confianza.

Ejemplo:

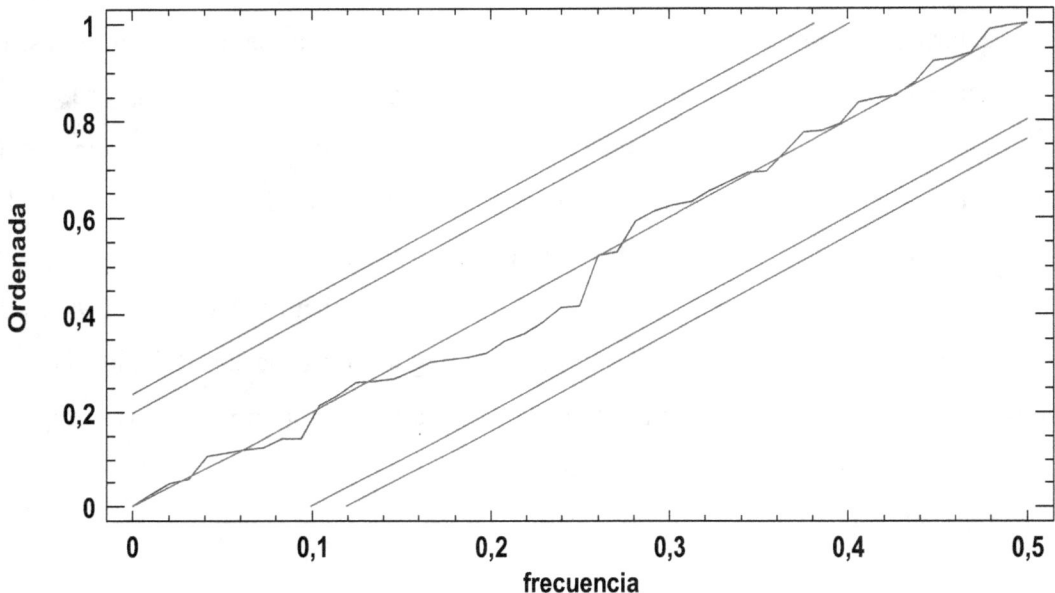

En este caso podemos observar el peridiograma acumulado normalizado fluctuando muy próximo a la diagonal principal sin atravesar las bandas de confianza evidenciando que los residuos presentan un comportamiento de ruido blanco.

PRÁCTICA 4
Modelización ARIMA(p,d,q)x(P,D,Q,)s. Metodología Box-Jenkins

EJERCÍCIO 1

En el fichero **EIPRAC3** se encuentra la serie **ggb** que recoge el tráfico sobre el puente Golden Gate de San Francisco medido durante 168 meses. Buscar cuál es el modelo que mejor se ajusta a esta serie, utilizando la metodología Box-Jenkins:

- Se propondrán 2 modelos en función de la información disponible por medio de las funciones de autocorrelación simple y autocorrelación parcial.
- Se estimarán dichos modelos y se comprobará cual es el mejor.
- Con el modelo seleccionado se realizarán estimaciones, tanto puntuales como por intervalos de confianza, y se contrastarán con los valores reales.

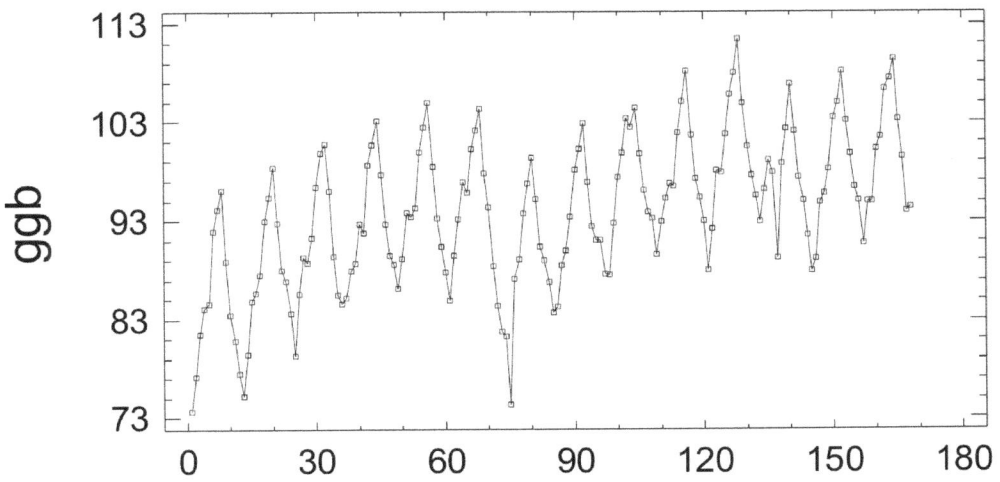

a) Estudiar la posible estacionalidad de la serie. ¿Cuál es la longitud del periodo estacional, si existe estacionalidad? Utilizar como herramienta el peridiograma para confirmarlo.

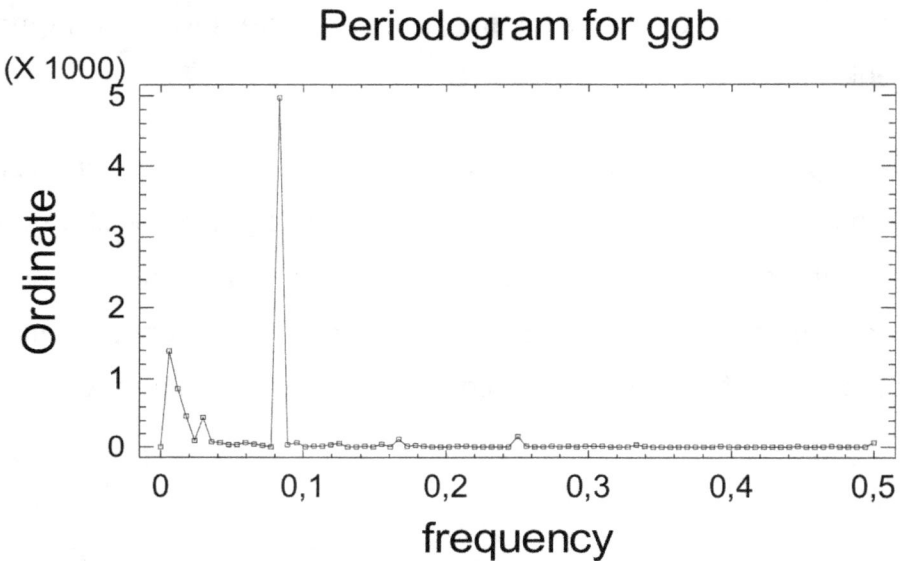

En la tabla siguiente se muestran todos los valores de la gráfica ordenados de menor a mayor frecuencia. Además se incluye el periodo y su valor en la gráfica y la suma acumulativa de éste.

```
Periodogram for ggb
                                        Cumulative      Integrated
Frequency       Period      Ordinate    Sum             Periodogram
-----------------------------------------------------------------
0,0                         1,57558E-23 1,57558E-23     1,66608E-27
0,00595238      168,0       1387,62     1387,62         0,146731
0,0119048       84,0        866,251     2253,87         0,238332
0,0178571       56,0        465,451     2719,32         0,28755
0,0238095       42,0        90,789      2810,11         0,297151
0,0297619       33,6        447,388     3257,5          0,344459
0,0357143       28,0        68,8937     3326,39         0,351744
0,0416667       24,0        60,3328     3386,72         0,358124
0,047619        21,0        28,0432     3414,77         0,361089
0,0535714       18,6667     36,3759     3451,14         0,364936
0,0595238       16,8        61,0357     3512,18         0,37139
0,0654762       15,2727     40,4935     3552,67         0,375672
0,0714286       14,0        24,073      3576,74         0,378217
0,077381        12,9231     1,28899     3578,03         0,378354
0,0833333       12,0        **4968,08** 8546,11         0,903696
0,0892857       11,2        30,4719     8576,58         0,906918

.................................................................

0,488095        2,04878     6,0516      9397,03         0,993675
0,494048        2,0241      1,39222     9398,42         0,993823
0,5             2,0         58,4195     9456,84         1,0
```

b) Obtener una serie estacionaria y ajustar 2 modelos alternativos ARIMA(p,d,q)x(P,D,Q)s a la serie original. Estimar y validar dichos modelos.

MODELO 1º ARIMA(, ,)x(, ,)s

Parámetro	Estimación	Desv. Típica	Valor de t	p-value.
	Desv. Típica		

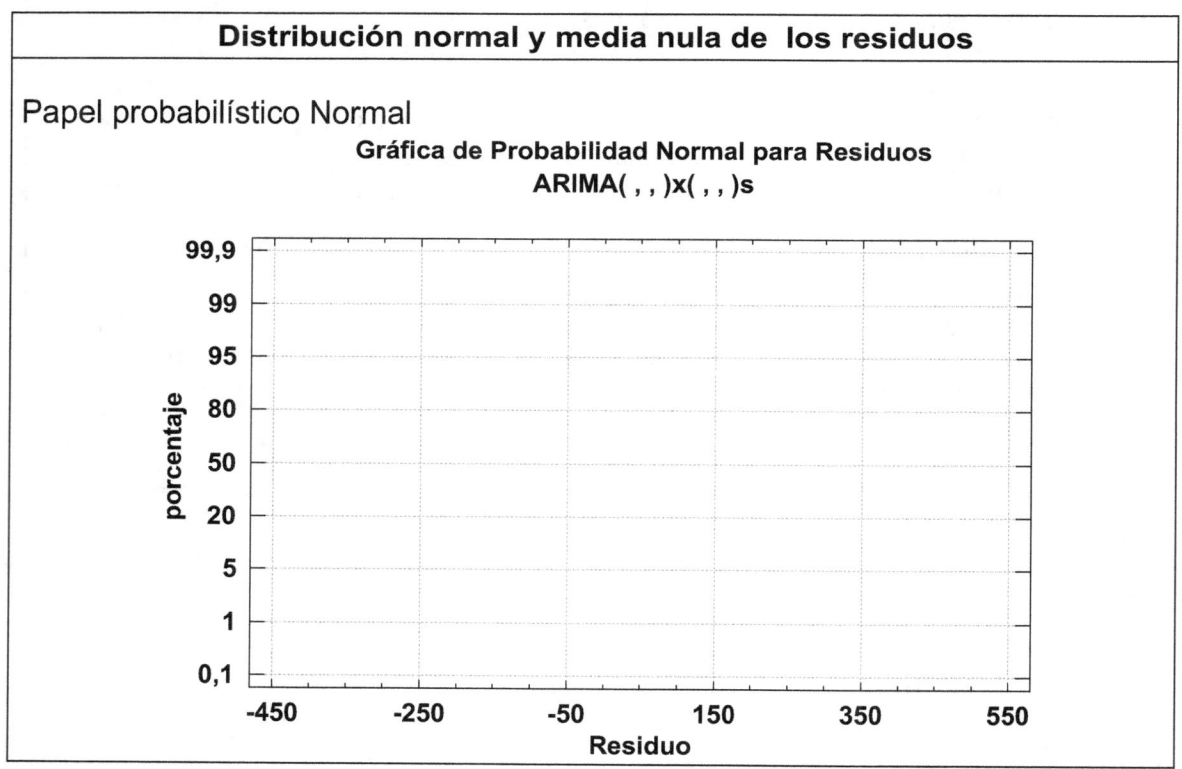

Distribución normal y media nula de los residuos

Papel probabilístico Normal

Gráfica de Probabilidad Normal para Residuos
ARIMA(, ,)x(, ,)s

Aleatoriedad de los Residuos

Test de Rachas	p-value	Conclusión
mediana		
arriba y abajo		

Residuos incorrelacionados. Test de Box-Pierce

Valor estad. y nº autocorr.	p-value	Conclusión

Conclusiones:

MODELO 2º ARIMA(, ,)x(, ,)$_s$

Parámetro	Estimación	Desv. Típica	Valor de t	p-value.
	Desv. Típica			

Distribución normal y media nula de los residuos	
Papel probabilístico Normal	

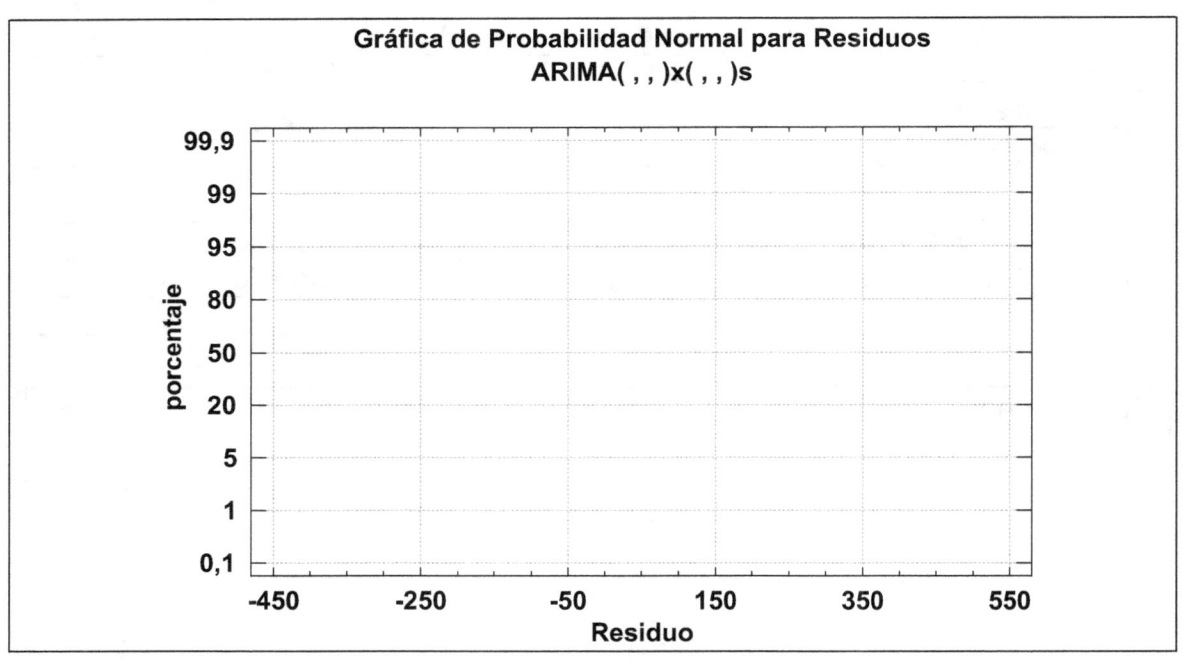

Aleatoriedad de los Residuos		
Test de Rachas	p-value	Conclusión
mediana		
arriba y abajo		

Residuos incorrelacionados. Test de Box-Pierce		
Valor estad. y nº autocorr.	p-value	Conclusión

Conclusiones:

Comparación de modelos.

Tabla de comparación de los 2 modelos propuestos:

MODELO	RMSE	MAE	ordenar
A:			
B:			

Justificación modelo seleccionado:

c) Para el modelo seleccionado, desarrollar la ecuación de predicción manualmente y obtener la predicción puntual para el siguiente periodo. Comprobar con la dada por el programa.

d) Para el modelo seleccionado, realizar la predicción para los 6 próximos meses tanto puntual como por intervalos de confianza al 95 %.

EJERCÍCIO 2

Las ventas de cava registradas a lo largo de 84 meses en el mercado de USA, se encuentran recogidas en la variable **bubbly** del fichero **EIPRAC2**. Buscar cuál es el modelo que mejor se ajusta a esta serie, utilizando la metodología Box-Jenkins: Dejar los valores del último año para contrastar los resultados. Analizar la serie contestando las siguientes cuestiones

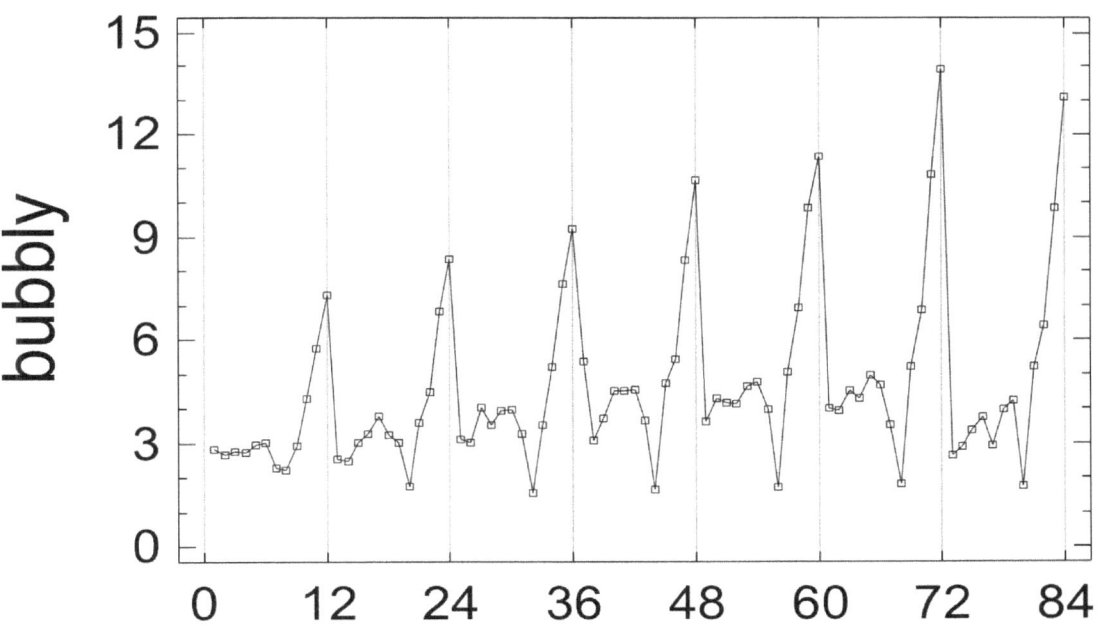

a) Estudiar la posible estacionalidad de la serie. ¿Cuál es la longitud del periodo estacional, si existe estacionalidad? Utilizar como herramienta el peridiograma para confirmarlo.

b) Obtener una serie estacionaria y ajustar 2 modelos alternativos ARIMA(p,d,q)x(P,D,Q)s a la serie original. Estimar y validar dichos modelos.

MODELO 1º ARIMA(, ,)x(, ,)$_s$

Parámetro	Estimación	Desv. Típica	Valor de t	p-value.
	Desv. Típica			

Distribución normal y media nula de los residuos	
Papel probabilístico Normal	

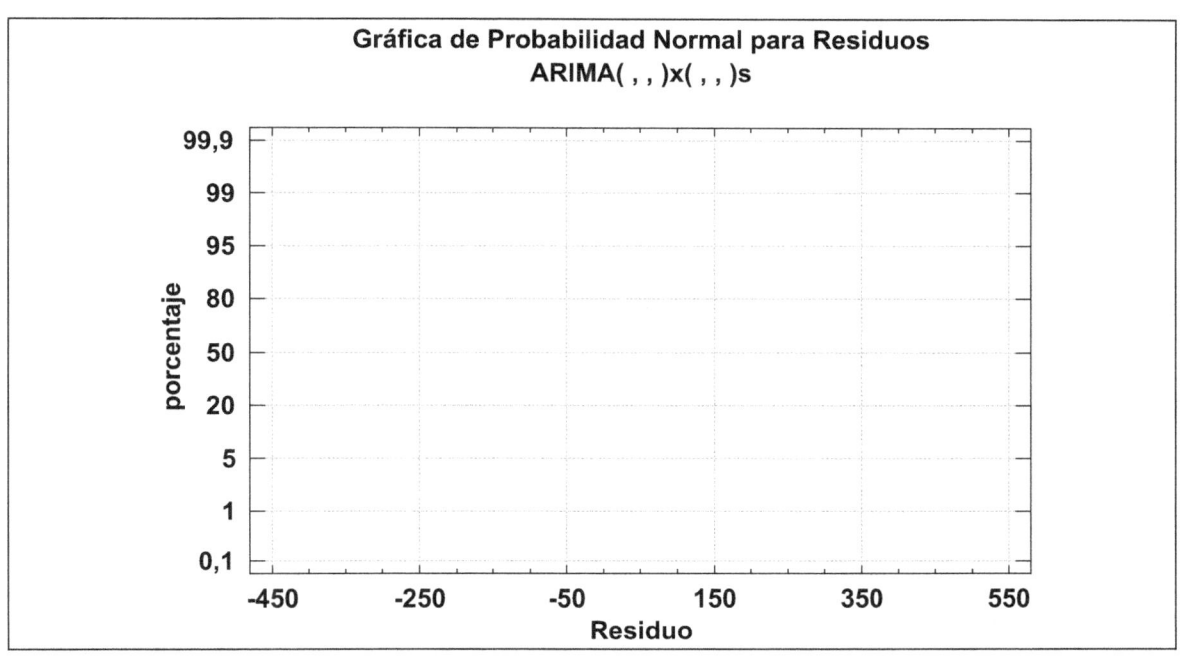

Aleatoriedad de los Residuos		
Test de Rachas	p-value	Conclusión
mediana		
arriba y abajo		

Residuos incorrelacionados. Test de Box-Pierce		
Valor estad. y nº autocorr.	p-value	Conclusión

Conclusiones:

MODELO 2º ARIMA(, ,)x(, ,)s

Parámetro	Estimación	Desv. Típica	Valor de t	p-value.
	Desv. Típica			

Distribución normal y media nula de los residuos

Papel probabilístico Normal

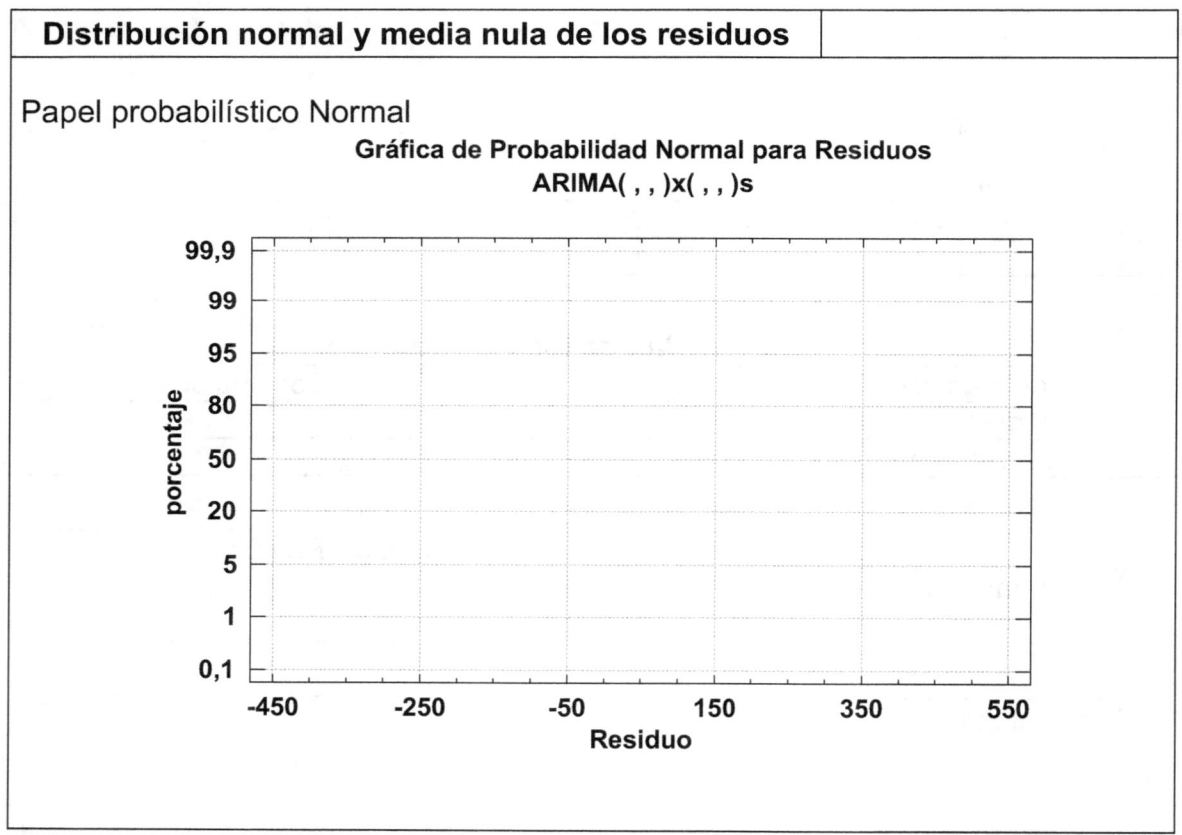

Aleatoriedad de los Residuos		
Test de Rachas	p-value	Conclusión
mediana		
arriba y abajo		

Residuos incorrelacionados. Test de Box-Pierce		
Valor estad. y n° autocorr.	p-value	Conclusión

Conclusiones:

Comparación de modelos.

Tabla de comparación de los 2 modelos propuestos:

MODELO	RMSE	MAE	ordenar
A:			
B:			

Justificación modelo seleccionado:

a) Para el modelo seleccionado, desarrollar la ecuación de predicción manualmente y obtener la predicción puntual para el siguiente periodo. Comprobar con la dada por el programa.

e) Para el modelo seleccionado, realizar la predicción para los 6 próximos meses tanto puntual como por intervalos de confianza al 95 %

GUÍA PARA REALIZAR LOS EJERCICIOS

1. Metodología Box-Jenkins

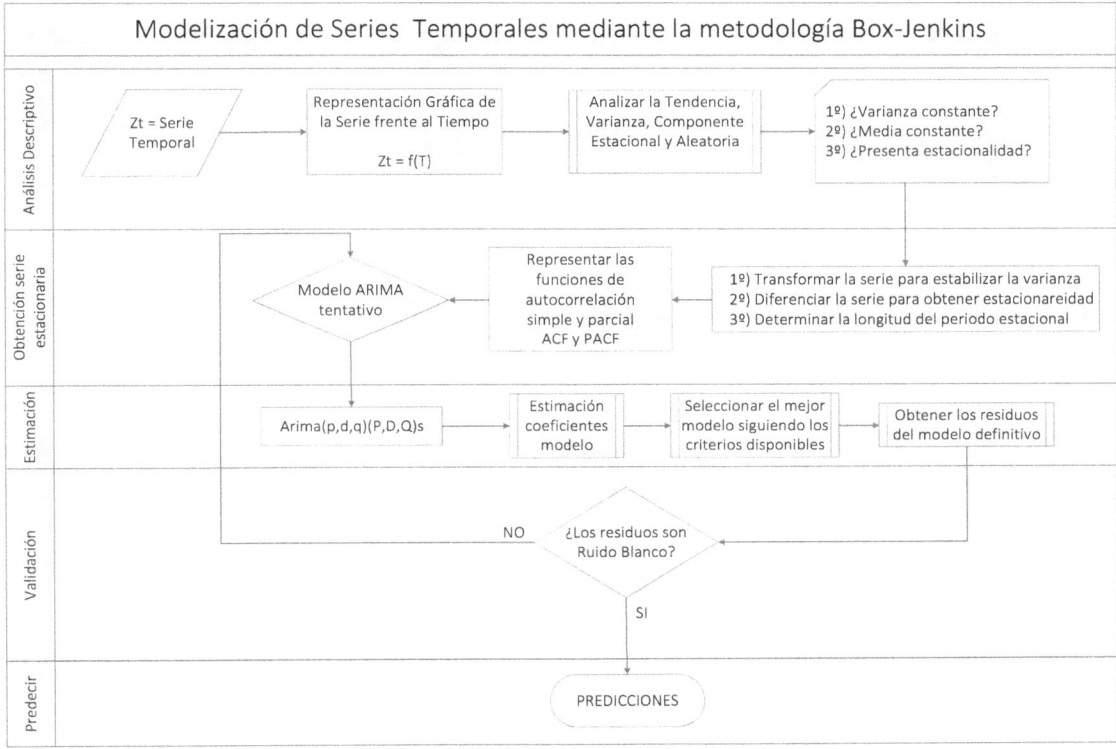

2. Métodos Descriptivos

Como paso previo a la realización de los ejercicios anteriores representaremos gráficamente las series temporales y las funciones de correlación simple y parcial.

Para la representación de las series temporales y de sus funciones de autocorrelación seleccionaremos la subopción *Descriptive methods* de la opción *Time-series analysis* del menú *Special* de la barra de menús.

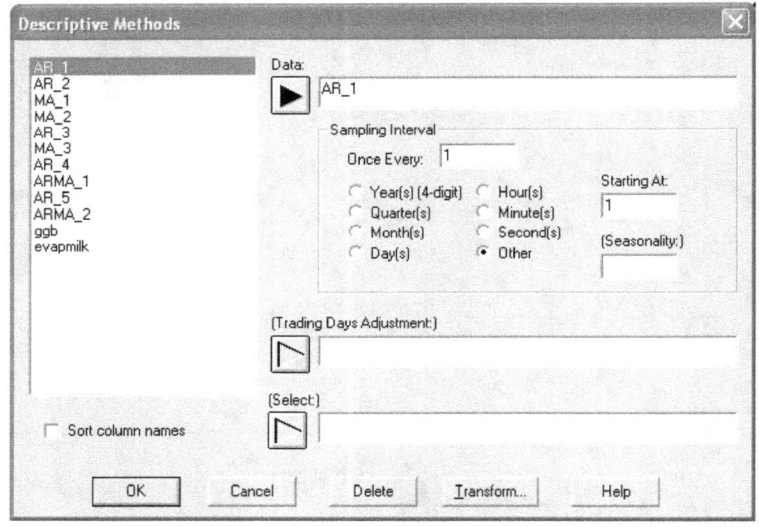

Una vez que hemos seleccionado la variable a analizar desplegaremos el menú de opciones gráficas (Figura 1) y seleccionaremos *Horizontal Time Sequence Plot, Residual Autocorrelation Function,* y *Residual Partial Autocorrelation Function* obteniendo tanto la representación gráfica de la serie como de los coeficientes de autocorrelación simple y parcial.

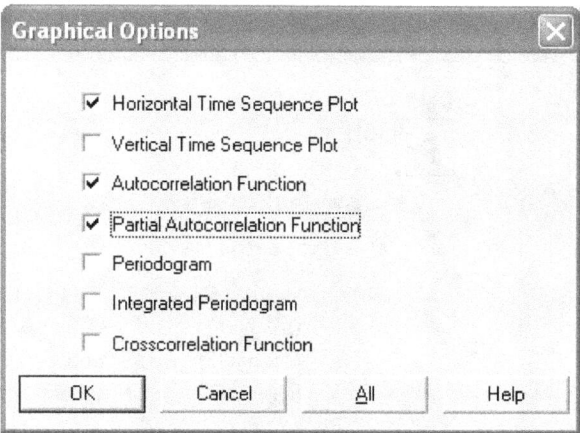

Figura 1: Opciones gráficas.

3. Modelización: Forecasting (Predicción)

Para estimar los modelos identificados en el paso anterior se debe seleccionar la opción Special... *Time Series Análisis* .... *Forecasting*. A partir de esta opción es posible obtener un modelo de una serie temporal como una función de términos autorregresivos, de medias móviles y una constante. Puede incluirse la opción de considerar factores estacionales y no estacionales en la estimación del modelo.

Si se selecciona la opción en el menú, el programa presenta la ventana de diálogo de la Figura 2 que permite especificar los datos a analizar.

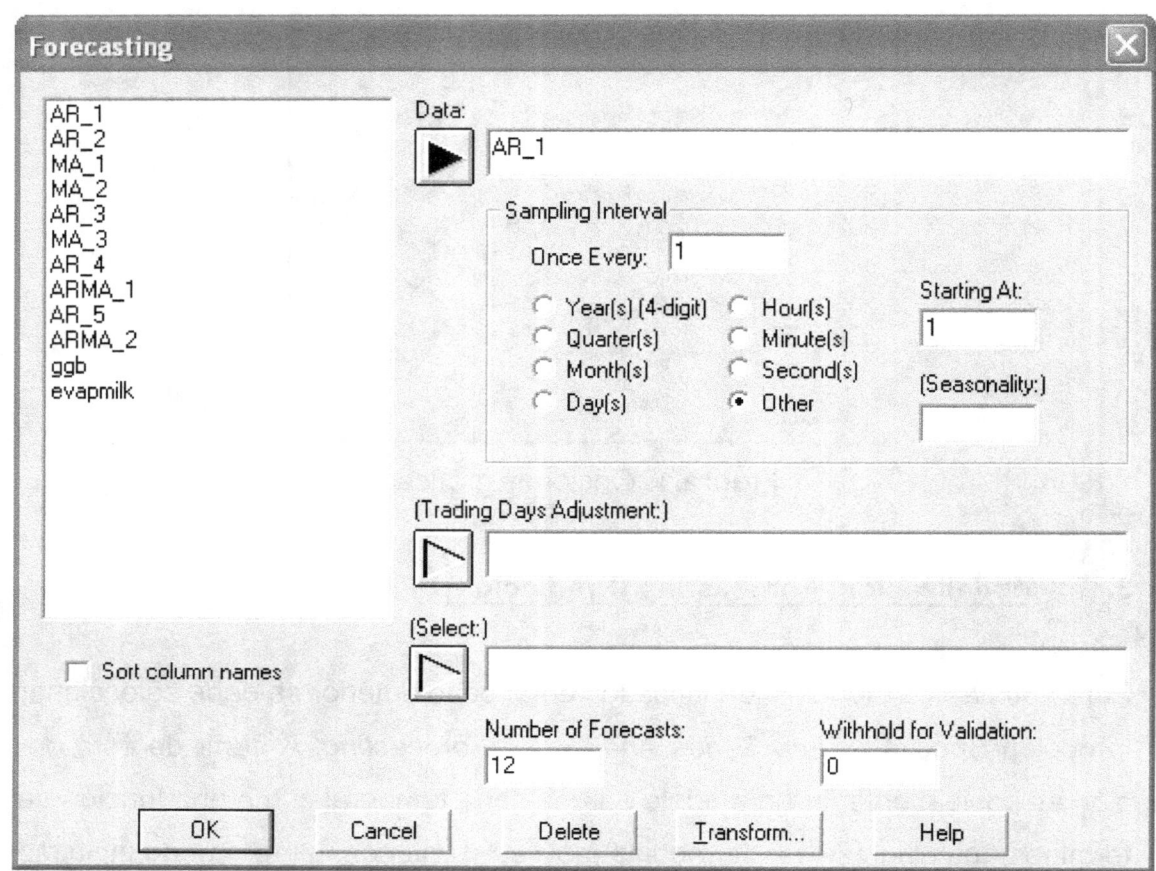

Figura 2: Introducción de datos

Si pulsamos con el botón derecho del ratón sobre la ventana anterior el programa muestra la caja de diálogo correspondiente a la especificación del modelo. Seleccionaremos el modelo ARIMA. En el análisis ARIMA se puede seleccionar parámetros estacionales (SAR o SMA) o no estacionales (AR o MA). Al seleccionar el modelo ARIMA se deben completar las cajas de texto *AR*, *MA*, *SAR*, *SMA*, *Nonseasonal Order* y *Seasonal Order*.

La Figura 3 muestra la caja de diálogo de opciones de especificación del modelo una vez seleccionado el Modelo ARIMA.

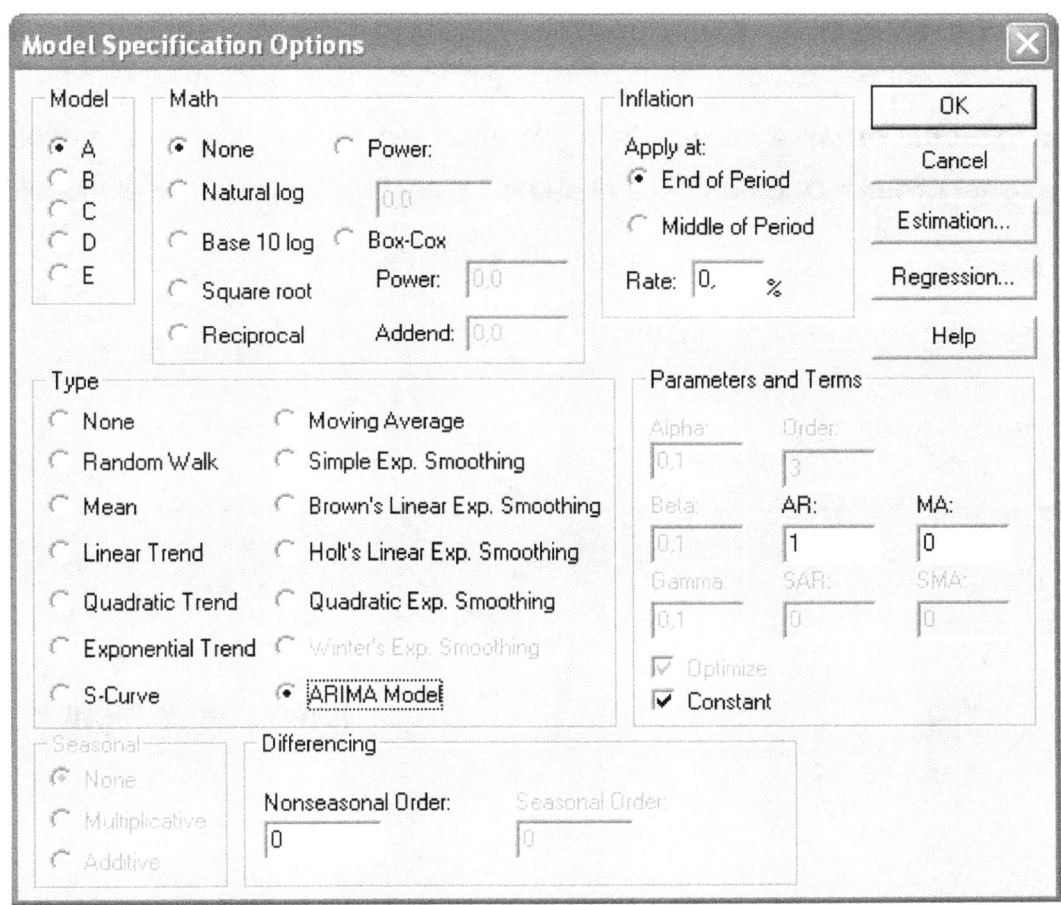

Figura 3: Especificación del modelo

Para introducir el modelo ARIMA que se va a utilizar, indicaremos los siguientes parámetros:

AR = p: orden de la parte AR regular (entre 0 y 6).

MA = q: orden de las medias móviles que no es estacional (entre 0 y 6).

SAR= P: orden de la parte autorregresiva estacional (entre 0 y 6).

SMA = Q: orden de la parte de medias móviles que es estacional (entre 0 y 6).

Constant: se seleccionará si deseamos incluir un término constante en el modelo.

Nonseasonal order =d: orden de la diferencia regular a aplicar en el modelo.

Seasonal order = D: orden de la diferencia estacional a aplicar en el modelo.

CORRELOGRAMAS ESTACIONALES

ARMA(0,1) x (0,1)$_{12}$

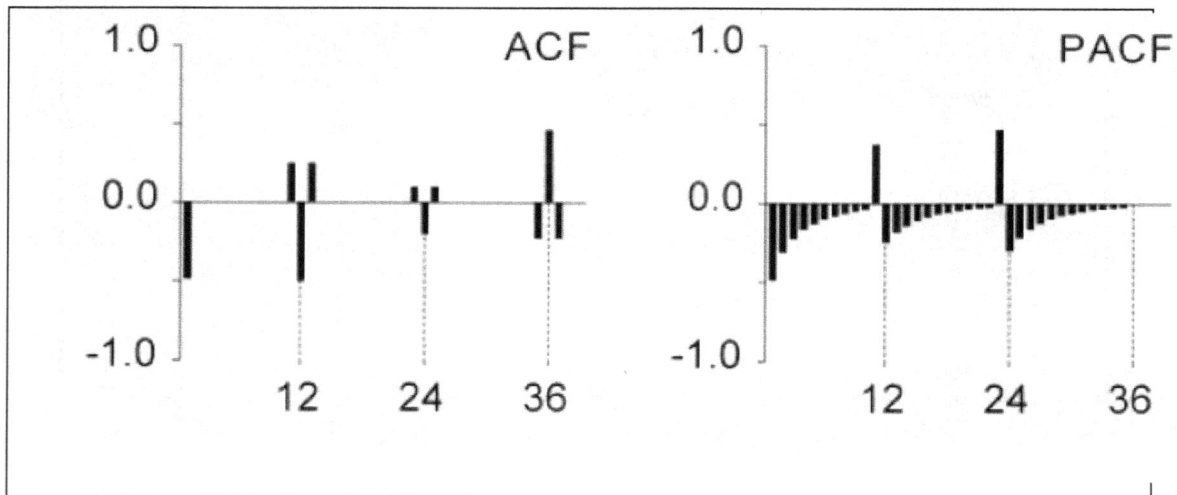

ARMA(1,0) x (1,0)$_{12}$

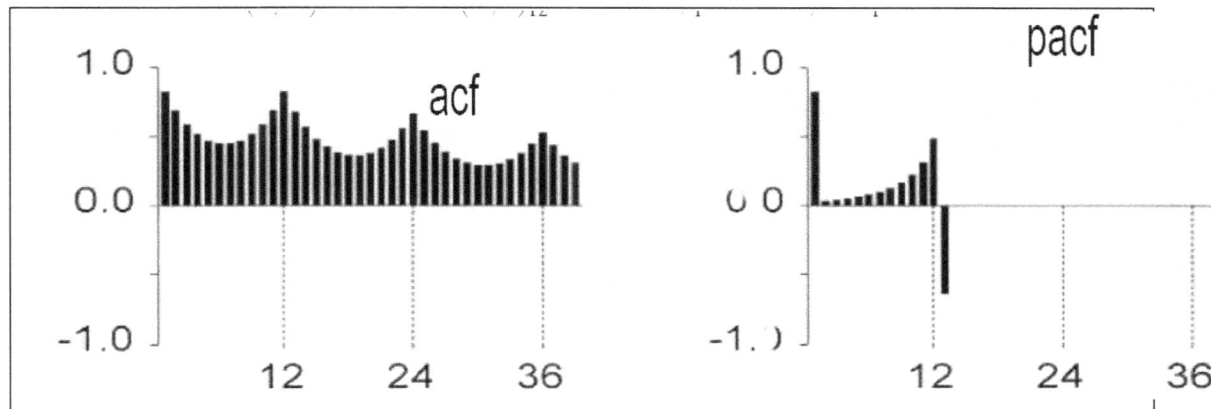

PRÁCTICA 5
Análisis y Predicción del consumo horario de Energía Eléctrica en España

EJERCÍCIO 1

La serie Z_t = CEEsem contiene el consumo en MWh de energía eléctrica horaria en España de una semana laborable de lunes a viernes. Como primer paso se desea realizar un análisis descriptivo de la serie utilizando un conjunto de procedimientos gráficos de gran utilidad.

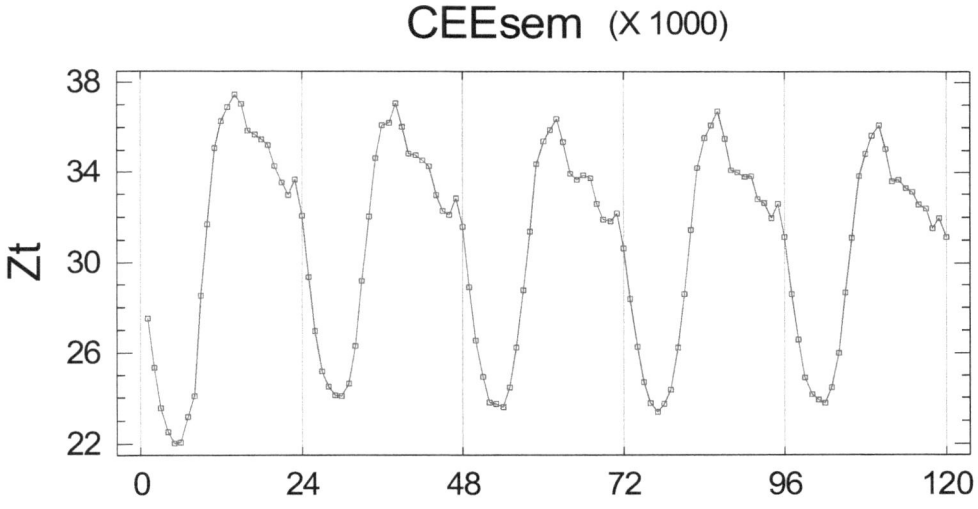

a) Realizar el análisis descriptivo de la serie temporal representada.

b) Obtener el gráfico de los coeficientes estacionales de la serie

c) Obtener la representación en subseries por periodo de estacionalidad

d) Obtener la representación día a día de la semana

e) Determinar mediante el peridiograma la longitud del periodo estacional de la serie

f) Obtener la tabla de descomposición estacional

Periodo	Datos	Ciclo-Tendencia	Estacionalidad	Irregular	Ajustado por Estacionalidad
1					
2					
3					
.....					
116					
117					
118					
119					
120					

EJERCÍCIO 2

Se quiere comparar la bondad del ajuste de un modelo de suavizado exponencial simple y un modelo de suavizado de Holt-Winters a la serie CEEsem. Obtener los valores óptimos los parámetros de ambos modelos. Realizar la comparación de ambos modelos en términos de RMSE y seleccionar el más adecuado. Realizar la predicción con el mejor modelo para las próximas 24 horas.

a) Comparación de modelos de Suavizado Exponencial. Rellenar la siguiente tabla de comparación de los 5 modelos propuestos:

MODELO	RMSE	ordenar
A: Suavizado exponencial simple ($\alpha = 0.2$)		
B: Suavizado exponencial simple ($\alpha = 0.5$)		
C: Suavizado exponencial simple ($\alpha = 0.7$)		
D: Suavizado exponencial simple ($\alpha = 0.9$)		
E: Suavizado exponencial simple (α optimizado)		

b) Comparación de modelos de Holt-Winters (HW). Rellenar la siguiente tabla de comparación de los 5 modelos propuestos:

MODELO	RMSE	ordenar
A: HW ($\alpha = 0.2$, $\beta = 0$, $\gamma = 1$)		
B: HW ($\alpha = 0.5$, $\beta = 0.2$, $\gamma = 0.8$)		
C: HW ($\alpha = 0.7$, $\beta = 0.4$, $\gamma = 0.8$)		
D: HW ($\alpha = 0.9$, $\beta = 0.6$, $\gamma = 0.5$)		
E: HW (α, β, γ optimizados)		

c) ¿Qué conclusiones podemos extraer sobre parámetros de los modelos anteriores?

d) Seleccionar el mejor modelo entre los anteriores y realizar la predicción para las próximas 24 horas (121 a 144):

Modelo seleccionado:

	Pronóstico
121,0	
122,0	
123,0	
124,0	
125,0	
126,0	
127,0	
128,0	
129,0	
130,0	
131,0	
132,0	
133,0	
134,0	
135,0	
136,0	
137,0	
138,0	
139,0	
140,0	
141,0	
142,0	
143,0	
144,0	

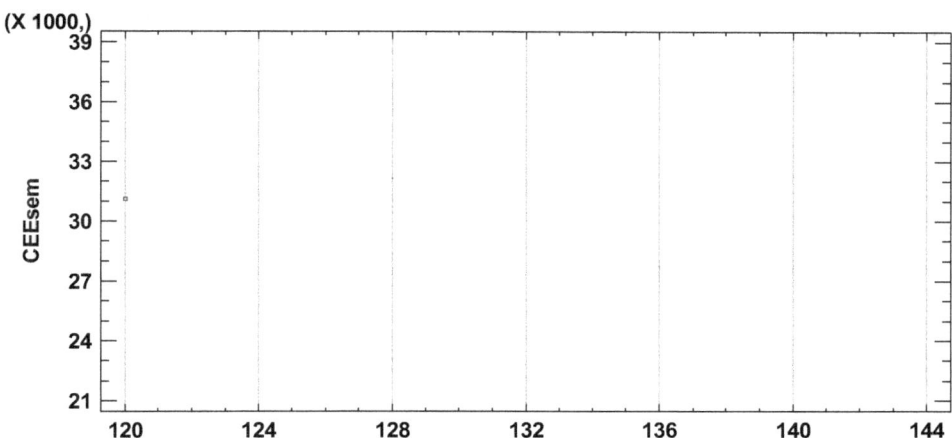

EJERCÍCIO 3

Modelizar la serie temporal $Z_t = CEEsem$ mediante la metodología Box-Jenkins.

a) Obtener una serie estacionaria y ajustar 2 modelos alternativos ARIMA(p,d,q)x(P,D,Q)s a la serie original. Estimar y validar dichos modelos.

MODELO 1º ARIMA(, ,)x(, ,)s

Parámetro	Estimación	Desv. Típica	Valor de t	p-value
	Desv. Típica			

Distribución normal y media nula de los residuos	
Papel probabilístico Normal:	

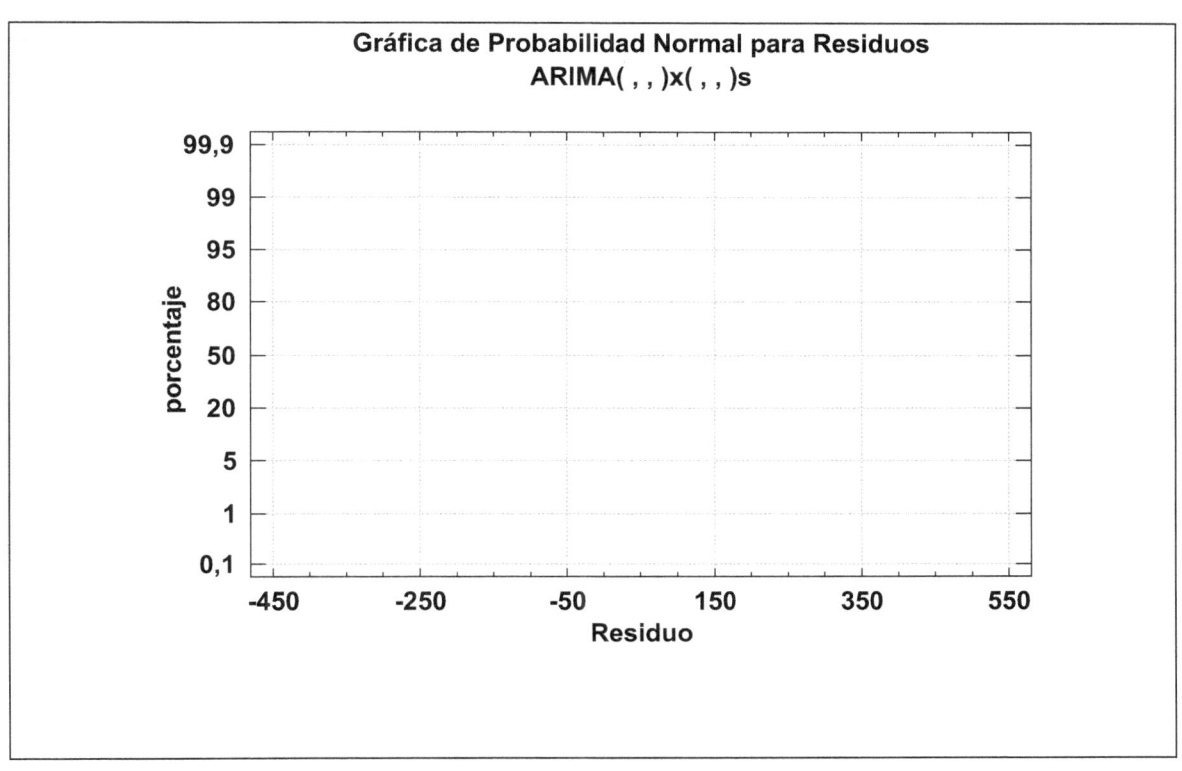

Aleatoriedad de los Residuos		
Test de Rachas	p-value	Conclusión
mediana		
arriba y abajo		

Residuos incorrelacionados. Test de Box-Pierce		
Valor estad.y nº autocorr.	p-value	Conclusión

Peridiograma integrado. Conclusiones:

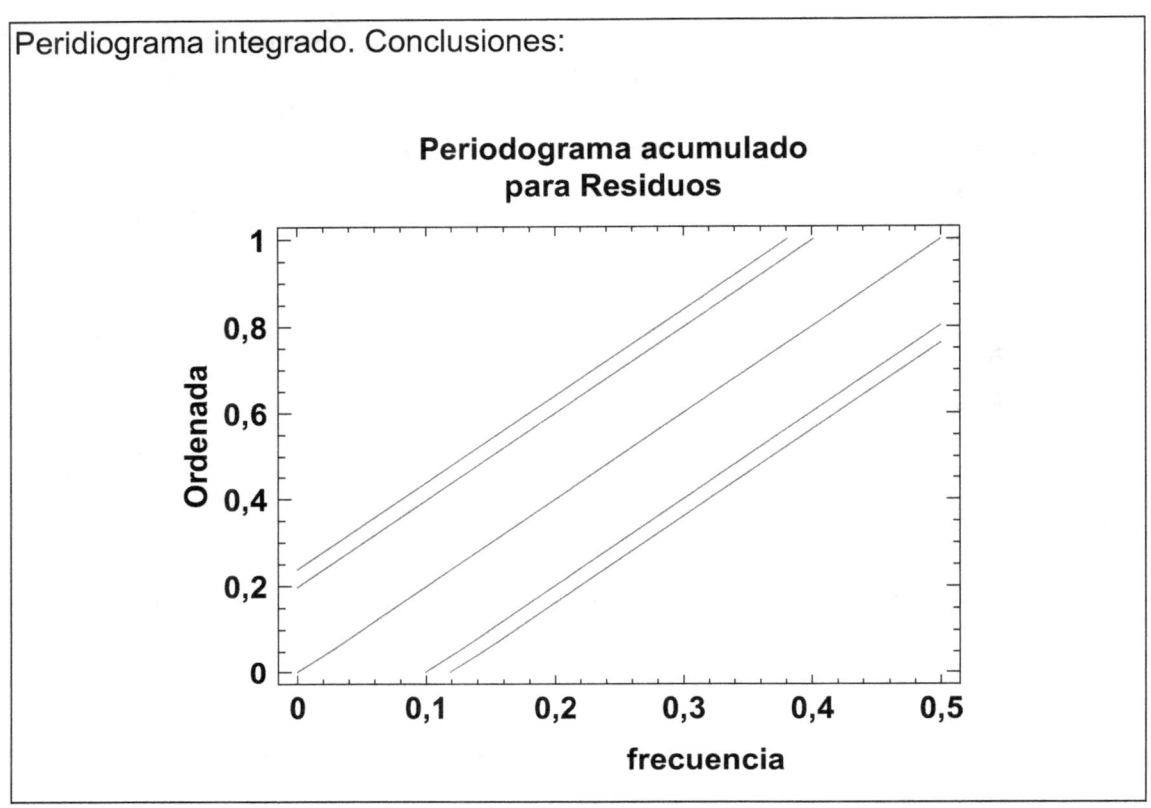

MODELO 2º ARIMA(, ,)x(, ,)s

Parámetro	Estimación	Desv. Típica	Valor de t	p-value.
	Desv. Típica			

Aleatoriedad de los Residuos		
Test de Rachas	p-value	Conclusión
mediana		
arriba y abajo		

Residuos incorrelacionados. Test de Box-Pierce		
Valor estad. y nº autocorr.	p-value	Conclusión

Distribución normal y media nula de los residuos	

Papel probabilístico Normal:

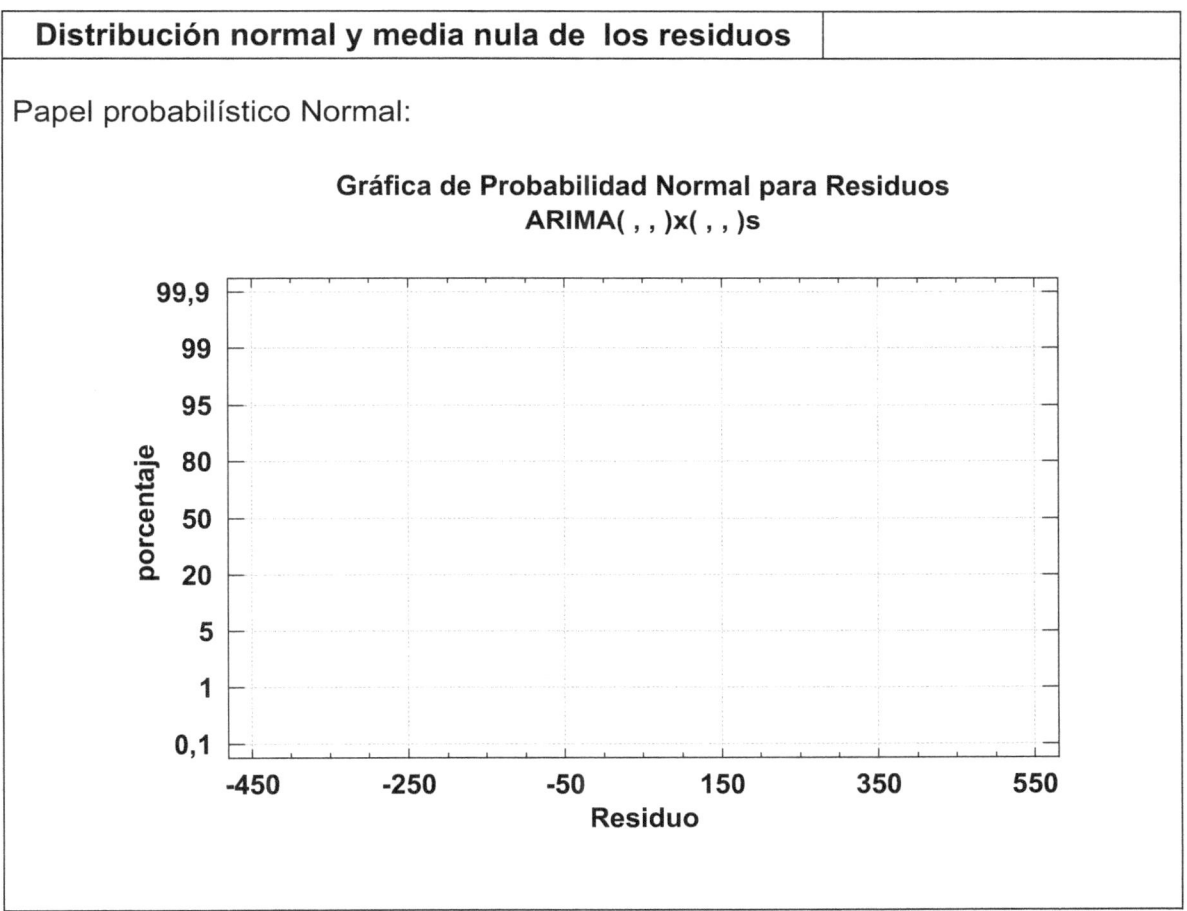

Peridiograma integrado. Conclusiones:

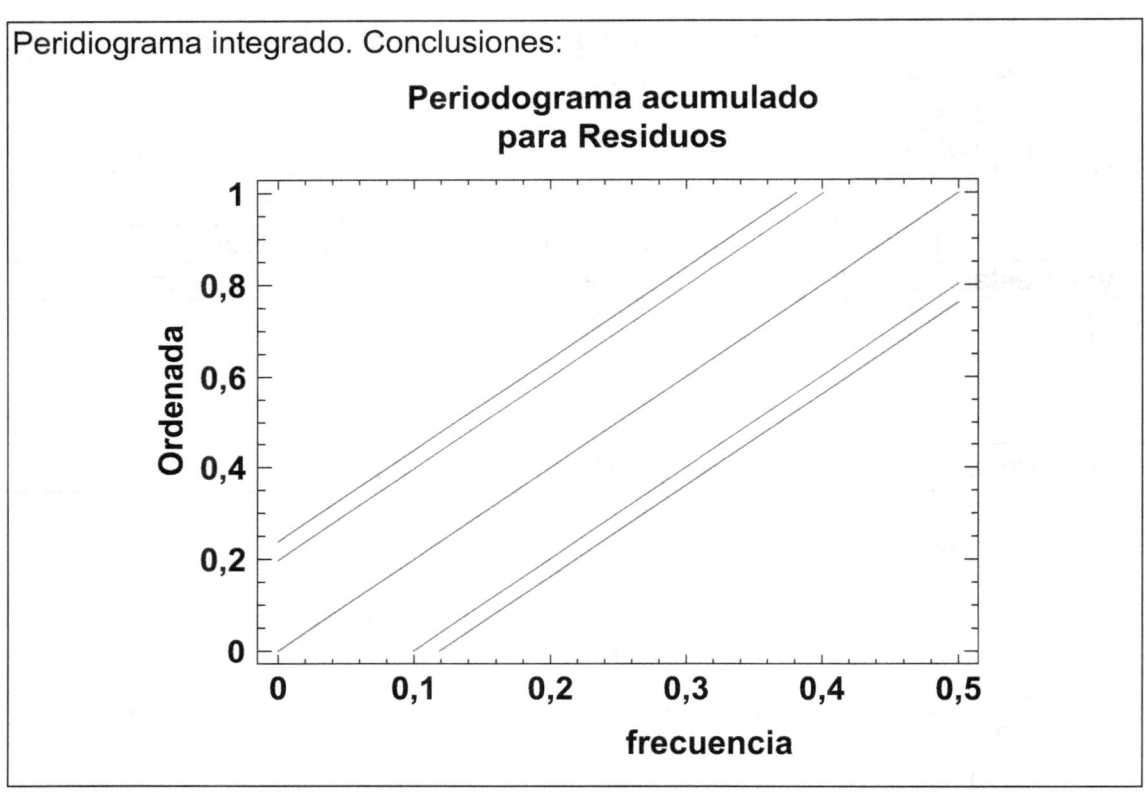

Comparación de modelos.

Tabla de comparación de los 2 modelos propuestos:

MODELO	RMSE	MAE	ordenar
A:			
B:			

Justificación modelo seleccionado:

b) Para el modelo seleccionado, desarrollar la ecuación de predicción manualmente y obtener la predicción puntual para el siguiente periodo. Comprobar con la dada por el programa.

c) Para el modelo seleccionado, realizar la predicción para las 24 próximos horas tanto puntual como por intervalos de confianza al 95 %.

Periodo	Pronóstico	Límite en 95,0% Inferior	Límite en 95,0% Superior
121,0			
122,0			
123,0			
124,0			
125,0			
126,0			
127,0			
128,0			
……	……	……	……
138,0			
139,0			
140,0			
141,0			
142,0			
143,0			
144,0			

GUÍA PARA REALIZAR LOS EJERCICIOS

Ejercicio 1: Análisis descriptivo

Para realizar el ejercicio 1 vamos a utilizar las herramientas de descomposición estacional que nos ofrece Statgraphics en el menú: *Describe/Time Series/ Seasonal Decomposition*. Donde podemos obtener las tablas y gráficos siguientes:

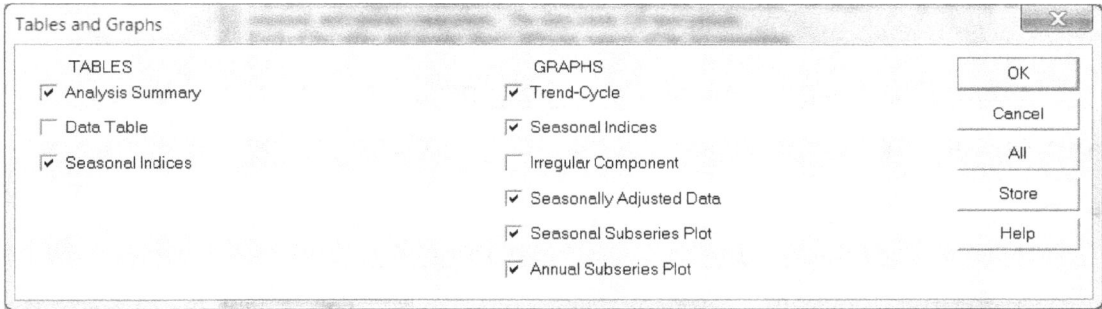

Tabla de datos (Data Table): Esta tabla muestra cada paso de la descomposición estacional. La columna Tendencia-Ciclo muestra los resultados de un promedio móvil centrado de longitud 24 aplicado a CEEsem. La columna de estacionalidad muestra los datos divididos entre el promedio móvil y multiplicados por 100. Se calculan entonces los índices estacionales para cada estación promediando los cocientes a lo largo de todas las observaciones en esa estación, y escalando los índices de modo que la estación promedio sea igual a 100. Los datos se dividen entonces entre los estimados de Tendencia-

Ciclo y estacionalidad para dar el componente irregular o residual. Este componente se multiplica después por 100.

Tabla de Índices estacionales (Seasonal Indices): se obtiene los índices de variación estacional que permiten desestacionalizar la serie. Esta tabla muestra los índices estacionales para cada estación, escalados de forma que una estación promedio sea igual a 100.

Gráfico de Índices estacionales (Seasonal Indices): Representación gráfica de los índices de variación estacional.

Gráfico de subseries por periodo de estacionalidad (Seasonal Subseries plot): representa la serie por estaciones y permite detectar el período estacional.

Gráfico de subseries por periodo de estacionalidad (Annual Subseries plot): permite obtener, en este ejemplo, la representación día a día de la semana del comportamiento estacional.

Ejercício 3: Metodología Box-Jenkins

Seguimos el esquema propuesto en prácticas anteriores:

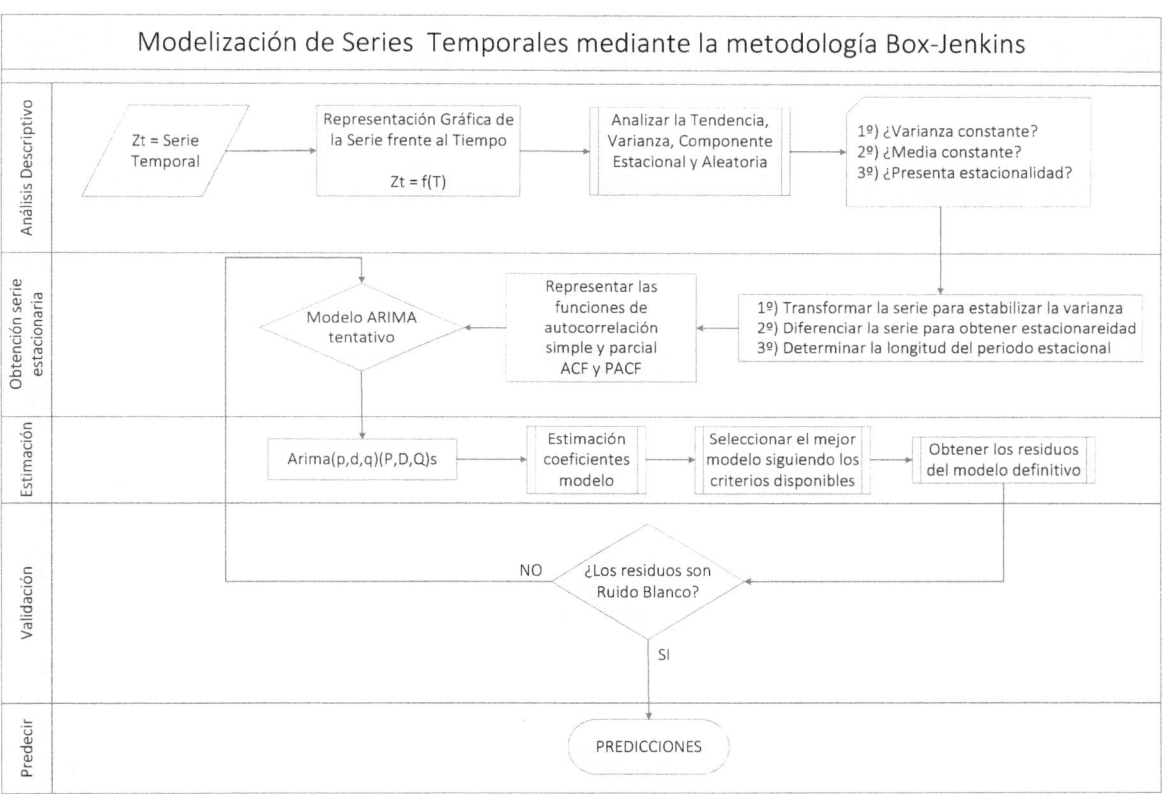

Una vez aplicados todos los test a los residuos vistos en prácticas anteriores utilizamos una de las herramientas útiles para determinar si la serie residual es ruido blanco como es el peridiograma integrado o acumulado.

```
          GRAPHS
    ☑ Time Sequence Plot
    ☐ Forecast Plot
    ☐ Residual Plots
    ☑ Residual Autocorrelation Function
    ☐ Residual Partial Autocorrelation Function
    ☑ Residual Periodogram
    ☑ Residual Integrated Periodogram
    ☐ Residual Crosscorrelation Function
```

El peridiograma integrado (Residual Integrated Peridiogram). El peridiograma integrado de los residuos es una herramienta gráfica muy interesante para detectar comportamientos no aleatorios asociados a componentes estacionales. El peridiograma integrado de los residuos muestra la suma acumulada de las ordenadas del peridiograma, dividida por la suma de las ordenadas sobre todas las frecuencias de Fourier. El gráfico muestra una línea diagonal principal de coordenadas (0,0) y (0.5,1). Además muestra dos parejas de bandas paralelas a la diagonal principal que representan los intervalos de confianza del test de Kolmogorov-Smirnov al 95% y al 99 % de nivel de confianza. Una secuencia de valores que siguen un proceso de Ruido Blanco presentaría un el peridiograma acumulado normalizado fluctuando muy próximo a la diagonal principal sin atravesar las bandas de confianza.

Bibliografía

- Box, G. and Jenkins, G. and Reinsel, G.C. (2008). *Time Series Analysis: Forecasting and Control*. 4th edition. Wiley.

- Brockwell, P. and Davis R. (2003). *Introduction to Time Series and Forecasting*. 2nd edition. Springer.

- García Díaz, J.C. (2011). *Series temporales, análisis, predicción.* Ejercicios Prácticos. Editorial Universitat Politècnica de València.

- González, M. y del Puerto, I. M. (2009*). Series temporales*. Servicio de publicaciones de la Universidad de Extremadura.

- Markridakis, S.; Wheelwright, S.C. and Hyndman, R.J. (1998). *Forecasting: Methods and Aplications*. Wiley.

- Montgomery, D.C.; Jenkins, C.L. and Kulahci, M. (2008). *Introduction to Time Series Analysis* and *Forecasting*. Wiley.

- Pérez, C. (2011). *Series Temporales. Técnicas y Herramientas*. Garceta grupo editorial.

Anexo

Tabla distribución chi-cuadrado: valores críticos

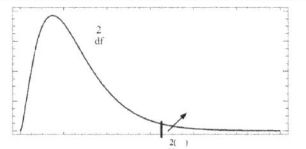

df	\multicolumn{10}{c}{$\chi_{df}^{2(\alpha)}$}
	0.995	0.99	0.975	0.95	0.90	0.50	0.10	0.050	0.025	0.01	0.005
1	0.000	0.000	0.001	0.004	0.016	0.455	2.706	3.842	5.024	6.635	7.879
2	0.010	0.020	0.051	0.103	0.211	1.386	4.605	5.992	7.378	9.210	10.597
3	0.072	0.115	0.216	0.352	0.584	2.366	6.251	7.815	9.348	11.345	12.838
4	0.207	0.297	0.484	0.711	1.064	3.357	7.779	9.488	11.143	13.277	14.860
5	0.412	0.554	0.831	1.146	1.610	4.352	9.236	11.071	12.833	15.086	16.750
6	0.676	0.872	1.237	1.635	2.204	5.348	10.645	12.592	14.449	16.812	18.548
7	0.989	1.239	1.690	2.167	2.833	6.346	12.017	14.067	16.013	18.475	20.278
8	1.344	1.647	2.180	2.733	3.490	7.344	13.362	15.507	17.535	20.090	21.955
9	1.735	2.088	2.700	3.325	4.168	8.343	14.684	16.919	19.023	21.666	23.589
10	2.156	2.558	3.247	3.940	4.865	9.342	15.987	18.307	20.483	23.209	25.188
11	2.603	3.054	3.816	4.575	5.578	10.341	17.275	19.675	21.920	24.725	26.757
12	3.074	3.571	4.404	5.226	6.304	11.340	18.549	21.026	23.337	26.217	28.300
13	3.565	4.107	5.009	5.892	7.042	12.340	19.812	22.362	24.736	27.688	29.819
14	4.075	4.660	5.629	6.571	7.790	13.339	21.064	23.685	26.119	29.141	31.319
15	4.601	5.229	6.262	7.261	8.547	14.339	22.307	24.996	27.488	30.578	32.802
16	5.142	5.812	6.908	7.962	9.312	15.339	23.542	26.296	28.845	32.000	34.267
17	5.697	6.408	7.564	8.672	10.085	16.338	24.769	27.587	30.191	33.409	35.718
18	6.265	7.015	8.231	9.390	10.865	17.338	25.989	28.869	31.526	34.805	37.156
19	6.844	7.633	8.907	10.117	11.651	18.338	27.204	30.144	32.852	36.191	38.582
20	7.434	8.260	9.591	10.851	12.443	19.337	28.412	31.410	34.170	37.566	39.997
21	8.034	8.897	10.283	11.591	13.240	20.337	29.615	32.671	35.479	38.932	41.401
22	8.643	9.543	10.982	12.338	14.042	21.337	30.813	33.925	36.781	40.289	42.796
23	9.260	10.196	11.689	13.091	14.848	22.337	32.007	35.173	38.076	41.638	44.181
24	9.886	10.856	12.401	13.848	15.659	23.337	33.196	36.415	39.364	42.980	45.558
25	10.520	11.524	13.120	14.611	16.473	24.337	34.382	37.653	40.647	44.314	46.928
26	11.160	12.198	13.844	15.379	17.292	25.337	35.563	38.885	41.923	45.642	48.290
27	11.808	12.879	14.573	16.151	18.114	26.336	36.741	40.113	43.195	46.963	49.645
28	12.461	13.565	15.308	16.928	18.939	27.336	37.916	41.337	44.461	48.278	50.994
29	13.121	14.256	16.047	17.708	19.768	28.336	39.088	42.557	45.722	49.588	52.336
30	13.787	14.954	16.791	18.493	20.599	29.336	40.256	43.773	46.979	50.892	53.672
40	20.707	22.164	24.433	26.509	29.051	39.335	51.805	55.759	59.342	63.691	66.766
50	27.991	29.707	32.357	34.764	37.689	49.335	63.167	67.505	71.420	76.154	79.490
60	35.534	37.485	40.482	43.188	46.459	59.335	74.397	79.082	83.298	88.379	91.952
70	43.275	45.442	48.758	51.739	55.329	69.335	85.527	90.531	95.023	100.43	104.22
80	51.172	53.540	57.153	60.392	64.278	79.334	96.578	101.88	106.62	112.32	116.32
90	59.196	61.754	65.647	69.126	73.291	89.334	107.56	113.15	118.14	124.11	128.29
100	67.328	70.065	74.222	77.929	82.358	99.334	118.49	124.34	129.56	135.81	140.17

www.ingramcontent.com/pod-product-compliance
Lightning Source LLC
Chambersburg PA
CBHW080930170526
45158CB00008B/2237